新世纪科学探索宝库丛书

EXPLORATION
XINSHIJI KEXUE
TANSUO BAOKU CONGSHU

在电的世界漫游

ZAIDIAN DE SHIJIE MANYOU

本书编写组◎编

new 新版

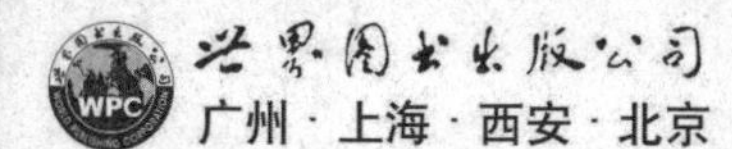

图书在版编目（CIP）数据

在电的世界漫游／《在电的世界漫游》编写组编
.—广州：广东世界图书出版公司，2010.4（2021.11 重印）
ISBN 978-7-5100-2004-9

Ⅰ.①在…　Ⅱ.①在…　Ⅲ.①电学-青少年读物
Ⅳ.①O441.1-49

中国版本图书馆 CIP 数据核字（2010）第 049881 号

书　　名　在电的世界漫游
　　　　　ZAI DIAN DE SHI JIE MAN YOU
编　　者　《在电的世界漫游》编写组
责任编辑　李翠英
装帧设计　三棵树设计工作组
责任技编　刘上锦　余坤泽
出版发行　世界图书出版有限公司　世界图书出版广东有限公司
地　　址　广州市海珠区新港西路大江冲 25 号
邮　　编　510300
电　　话　020-84451969　84453623
网　　址　http://www.gdst.com.cn
邮　　箱　wpc_gdst@163.com
经　　销　新华书店
印　　刷　三河市人民印务有限公司
开　　本　787mm×1092mm　1/16
印　　张　13
字　　数　160 千字
版　　次　2010 年 4 月第 1 版　2021 年 11 月第 8 次印刷
国际书号　ISBN　978-7-5100-2004-9
定　　价　38.80 元

前　言

电同人类已经成了不可分离的密友。但是我们是否想到电竟是无所不在，到处都有——自然界里到处有电，甚至在我们的身体里也有电？

让我们从大气的低层说起。

天上的闪电是大气层里有电的表现。地球上每天大约要发生十万次闪电，每秒钟大约100多次。我们看见闪电以后，过一会儿，就会听到震耳欲聋的雷声。雷就是闪电发出的声音。

还有一种闪电是没有声音的。登山队员在高山上宿营，有时候会遇到一种怪事：他们的头发忽然像着了火似的发出闪光，并且带有“丝丝”的响声，这就是无声放电。

在高纬度的地区，譬如在我国东北和西北，有时可以看到一种奇妙的现象：天空中散射出多种形状的美丽的光辉，就好像有人在放焰火。这也是一种无声放电。

大气层的高层也有电。在离地面50～1000千米的高空，就有一条由带电粒子组成的辐射带，人们叫它电离层。

电离层有一个奇怪的特性：除了某些特定波长（例如1厘米～15米长）的电波可以穿过它以外，其余波长的电波碰到它，就像光碰到镜子一样被反射回去。我们能收到远地短波电台的广播，就是靠了电离层的反射。不用说，电离层里也有电。

其实，不光是地球的周围，整个宇宙里也充满了电。浩渺无垠的宇宙，有着无数的星体。很多很多的星体都在辐射无线电波。利用无线电接收机，我们可以听到宇宙电波的嘈杂声。这说明，我们的地球处在电的包围之中。

至于地球本身和地球上的一切，也是处处有电。地球上有各种各样的物质，一切物质都是由原子组成的，每种原子里都有着一定数目的电子。因此，从这个意义上来说，没有电就没有物质，也就不存在这个世界。

我们的身体是物质，因此我们的身体里也有电。1875 年，美国人卡顿发现了脑电波的存在。科学家们通过进一步的研究，又证明了心脏有心电，肌肉里也有电在流动。

在广大生物界里，也有许多奇妙的电现象。有些鱼，例如鲇鱼和电鳗，身体里贮存着大量的电，当它们遇到敌害的时候，可以一下子放射出来把对方打晕。

据科学家们研究，地球上最早的有生命的生物是在电的作用下产生的。当地球上还没有生物的时候，包围着地球的大气里有着大量的甲烷、氨、氢和水，这些正是产生生命所必需的“原料”。

在闪电的激发和紫外线的照射下，在大气中形成了一些有机物，它们逐渐地被雨水冲进海里，在那里积聚了起来。在闪电和阳光的连续作用下，终于产生了构成蛋白质所必需的多种氨基酸，而蛋白质是生物体的主要成分，也是生命活动的基础。它们不断地由低级向高级、由简单到复杂地发展着，最后终于诞生了生命。

现在，科学家们已经在实验室里成功地模拟了这个过程。他们把甲烷、氨、氢和水放进一个容器里（这同 46 亿年前地球上的大气十分相近），然后用高压电火花不断地模仿闪电去激发它们，最后终于得到了氨基酸。

因此，地球上如果没有电，也就不会有生命。看来，把我们这个世界叫做电的世界是一点也不过分的。从现在开始就请大家在电的世界遨游吧。

目 录
Contents

电的科学史

摩擦起电机的发明

古希腊著名诗人荷马所著的史诗《奥德赛》中记载有这样一个故事：福尼希亚商人将琥珀项链献给西拉女王。人们发现琥珀经摩擦会发出光，并吸引纸屑，感到十分神奇，就视琥珀为珍宝。这是关于静电的最早记载。人们正是从静电这一现象入手，开始将电作为一门科学来研究的。

人工简单摩擦起电来使物体带电是很有局限性的，要对电现象做进一步研究，必须用有效的方法来获得较多的电荷及电流。

大约在1660年，德国的一位酿酒商和工程师格里凯（1622～1686年）发明了第一台能产生大量电荷的摩擦起电机。他用一个球状玻璃瓶盛满粉末状的硫磺，用火烧玻璃瓶直至硫磺全部熔化，等其冷下来硫磺成球状再将玻璃瓶打掉，在硫磺球上钻一孔并将其支在一根轴上，使琉磺球可以自由转动。格里凯在1672年描述了这架仪器的构造及其使用情况。起电时，他用一只手握住手柄摇，使硫磺球不停地转动，另一只手紧贴在硫磺球面上发生摩擦，结果使人体和硫磺球带上了电荷。格里凯还发现由摩擦而生的电可以通过一支金属杆传给其他物体；有时候，即使带电体没有与一个不带电物体接触，只要接近到足够近的程度，就可以使该物体带电，这就是我们现在称为的感应起电现象。1709年，德国人豪克斯比（1688～1763年）制造了一台用抽去空气的玻璃球代替硫磺球的起电机，并在实验中发

摩擦起电机

现，玻璃球由摩擦带电时，产生了类似磷光的现象。1750 年还有人用巨大的飞轮带动很大的玻璃柱转动，通过皮带与玻璃柱摩擦起电。这种基于摩擦起电原理，但已经不再是简单地摩擦一些材料令其起电，而是不断获得改进的摩擦起电机在实验中起了重要作用。一直到 19 世纪，才由效率高得多的感应起电机所代替。

在英国卡尔特修道院领养老金过活的格雷（约 1675～1736 年），也对电荷能不能传递进行了研究，他发现摩擦过的玻璃管上所带的电荷可以转移到木塞上，他用一根带有骨质小球的棍子插到带电的木塞中，骨质小球也带上了电，格雷还用一条长为 24 米的绳子将电荷传送过去。他还请一个小孩做了第一次人体带电的实验。这样，格雷用实验证实了不仅摩擦可以使物体带电，用其他方法（如传递）也可以使物体带电。他还发现导体和绝缘体的区别，并把物体分成 2 类：①非电性物体，但却可以传电；②电性物体，然而不能传电。另外，格雷认为带电体是否能被磁石吸引无关紧要，即“电的性质”物体与“磁的性质”物体不能相互发

格雷导电实验

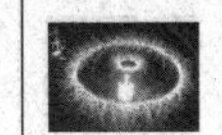

生作用。

法国王家花园里的一位管家杜菲（1698～1739年）对格雷的实验产生了极大兴趣，他也做了不少实验，取得了一些重要的发现。1733年杜菲发现绝缘起来的金属也可以通过摩擦的办法起电，从而否定了吉尔伯特、格雷等人把物体分为“电的”和“非电的”论断，得出了所有物体都可以摩擦起电。

杜菲勇敢地以自己的身体，重复进行了人体带电的实验。他让助手把自己用绝缘丝绳悬吊在天花板上，使自己身上带电，当助手靠近时杜菲突然感到电击引起针刺般的疼痛，同时伴有“噼噼啪啪”的声响，尽管杜菲吓了一大跳，晚上又重复了这个实验，发现放电过程中有火花闪现。杜菲在吉尔伯特制作的验电器的基础上，做了很好的改进，用金箔代替原来的金属细棒。杜菲用它对受激带电的玻璃棒及受激带电的琥珀分别进行检验，发现不同的材料经摩擦受激后所带的电可以是不同的，他在发表于一学报的文章中写道：“因此，由总的性质不同这一点可以认为存在着两种电性物质，一种诸如玻璃、晶体等透明固体，另一种诸如琥珀、树脂等沥青树脂类物质”。“互相排斥的物体具有相同的电性，互相吸引的物体具有不相同的电性。即现在常说的同性电相斥，异性电相吸的规律。不带电的物体可以从另一种带电物体获得电性，两者所带的电性是相同的”。带的电命名为“玻璃电”（Vitreos）（即正电），将琥珀上所带的电命名为“树脂电”（Resinous）（即负电），并进而提出了二元电液理论。

莱顿瓶的产生

荷兰莱顿大学的物理学教授穆欣布罗克（1692～1761年）和德国的克莱斯特（1700～1748年）分别发现，物体好不容易获得的电往往在空气中逐渐消失。为了寻找一种保存电的方法，穆欣布罗克于1746年做了如下的实验：他将一枪管悬挂在空中，用起电机与枪管相连，另用一根铜线一端与枪管相连，另一端浸入盛有水的玻璃瓶中，当他的助手一只手握着玻璃瓶，另一只手不小心触到枪管上，助手猛然感到一次强烈的电击而喊了起来，穆欣布罗克替下助手亲自体验了给他带来极大恐怖感觉的实验。这使人们认识到：人体作为导体参与放电过程的瞬间，电会使人感到一种可怕的突然震动和打击，这就是常说的电击（或叫电震）。穆欣布罗克还由此认识到，盛水的玻璃瓶通电后，可以将电保存起来。

穆欣布罗克以亲身的体验劝人不要做这种人体放电实验，却反而引起了更多的人对这类电现象的注意，以致在荷兰和德国公开进行电实验的表演，有许多人为了娱乐也做起电实验来。在这些人当中，有法国的电学家诺莱特，他开始把这种能蓄电的瓶子称为莱顿瓶（以穆欣布罗克所在大学名称命名）。

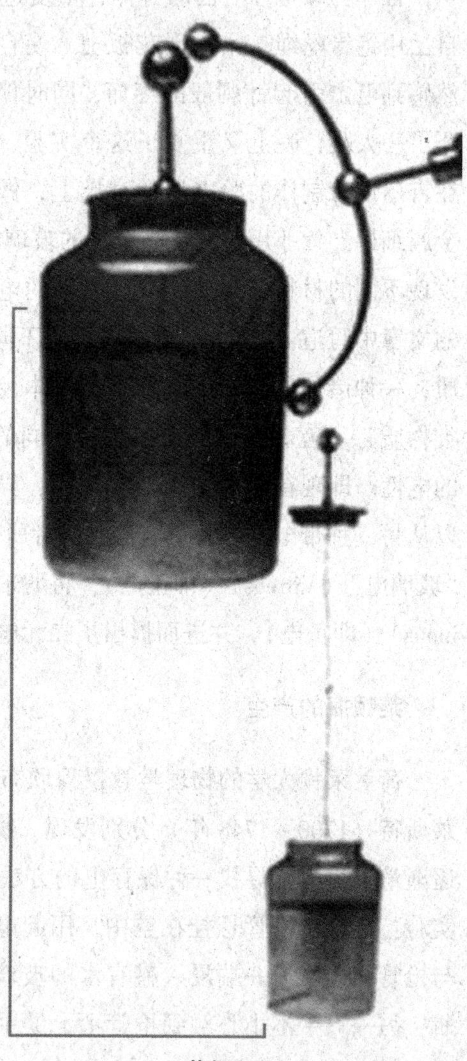
莱顿瓶

克莱斯特于 1645 年也发现盛水的瓶中插入导体通电，瓶子能贮电。在德国就把有贮电性的瓶子叫克莱斯特瓶。

当时所进行的电实验表演中，有用莱顿瓶作火花放电杀老鼠的表演，有用电火花点酒精和火药的表演。其中最为壮观的一次表演是诺莱特在巴黎一座大教堂前做的，诺莱特邀请了法王路易十五的皇室成员临场观看，他让 700 个修道士手拉手排成一行，形成长达近 900 英尺（注：1 英尺 =0.3048 米）的队伍，然后让排头的修道士用手握住莱顿瓶，让排尾的修道士用手握莱顿瓶的引线（引线另一端插入瓶内水中），准备就绪后，诺莱特令人用起电机通过引线向莱顿瓶送电。瞬间，700 名修道士因受电击同时跳了起来，在场观众无不为之目瞪

莱顿瓶实验

口呆，克莱特以事实表明了电的威力。1746 年英国物理学家考林森通过邮寄向美国费城的本杰明·富兰克林（1706～1790 年）赠送了一只莱顿瓶，并介绍了使用方法。富兰克林对此极有兴趣，用这只莱顿瓶进行了一系列实验，对电的本质及电现象的规律开始了一系列深入的研究，得到了许多重要成果。

富兰克林提出电荷守恒

富兰克林是 18 世纪美国伟大的电学家，是美国历史上著名的政治家、社会活动家。他 8 岁开始读书，10 岁到他哥哥的作坊做工。后来到纽约、费城谋生，他酷爱读书，所有的零用钱都花在买书上，为此他想当一名出版商。1724 年富兰克林远涉重洋（当时只有 18 岁）到了英国巴尔麦印刷厂当了 2 年印刷工人，掌握了精湛的印刷技术。

1726 年他回到美国，创建了自己的印刷厂，组织和印刷、发行《宾夕法尼亚报》。1731 年 25 岁的富兰克林创办了费城图书馆，5 年后他又组建了联合消防公司，成为费城一名很有影响的公民。1737 年，他担任费城市政议会书记员和费城邮政局局长，1749 年富兰克林创办了宾夕法尼亚大学，

1753～1774年间，他出任英国在北美洲殖民地邮政总局局长。

富兰克林

社会公务再忙，富兰克林也要抽空进行科学研究。1757年，他曾肩负国民议会的使命第二次赴英，这时富兰克林已经成为颇有名气的科学家和社会活动家了。英国伦敦皇家学会授予他1753年的科普雷奖章，美国哈佛大学等高等学府授予他荣誉博士学位。富兰克林在晚年主要从事政治、外交活动。1776年，他参加起草《独立宣言》，并作为三人小组成员前往欧洲巴黎与英国代表谈判。1778年被任命为美国全权代表，于1781年与英国代表举行了最后一轮谈判，为美国的独立立下了不朽的历史功绩。在法期间，他还广泛接触了科学界人士，包括意大利的伏打。1785年回到美国，致力于宾夕法尼亚的建设，1790年4月17日，富兰克林走完了他献身社会公务、献身科学事业的战斗一生。他奋斗终身的不平凡经历，为后人树立了光辉的榜样

富兰克林第一个提出存在正电和负电及电荷守恒定律。1747年7月他写信给好友考林森，报告了收到莱顿瓶后一年来的实验结果。在这封信中富兰克林描述了这样一个实验，他让两人分别站在绝缘的箱上，其一人摩擦玻璃管，另一人用肘部接触一下这个玻璃管，并让两人分别与站在地上的第三人接触时，都有火花产生。说明前两人都带电。重复进行前述的起电操作，让两人先相互接触再与站在地上的第三者分别接触时，结果都没有火花产生，这说明两人带电后只要一接触都不带电。为此富兰克林提出了单元电液理论。认为带电的两人是通过玻璃管发生了电液的迁移，其一人具有比正常情况少一些的电液，另一人具有了比正常情况多的电液。相互接触后，又恢复到都具有正常数量的电液，则两人都不显电性。他在杜

非区分“玻璃电”和“树脂电”的基础上，根据两种电的相消性，提出了正电和负电的概念，他认为缺少电液，就是带负电，可以用“-”号表示；带超过正常情况的电液就带正电，用“+”号表示，正、负电可互相抵消。正、负电的提出，为定量研究电现象提供了基础，使人们第一次可以用数学来表示带电现象，其重要性是显而易见的。

富兰克林还认为摩擦只能使电液从一个物体转移到另一个物体上，即“电不因摩擦玻璃管而创生，而只是从摩擦者转移到了玻璃管，摩擦者失去的电与玻璃管获得的电严格相同”。这就告诉人们：在任一绝缘体系中电的总量是不变的，这就是通常所说的电荷守恒原理。

富兰克林的理论足以解释当时人们已知的绝大部分静电现象。现在我们知道，所谓的电液是不存在的，比较容易迁移的是带负电的载体——电子，用电液迁移来解释电现象并不科学。尽管这样，正、负电的概念和电荷守恒的观念是至今仍然有效的科学观念，是富兰克林对电学的一大贡献。

富兰克林所做的另一项重大贡献是统一了天电和地电。18 世纪，美国的富兰克林是通过亲自进行大量实验来说明现象，彻底破除了人们对雷电的恐惧、迷信心理。当时的欧洲和美国的大多数人认为雷电是“上帝之火”，是天神发怒的结果。为破除这种迷信，富兰克林一直思考着这样一个

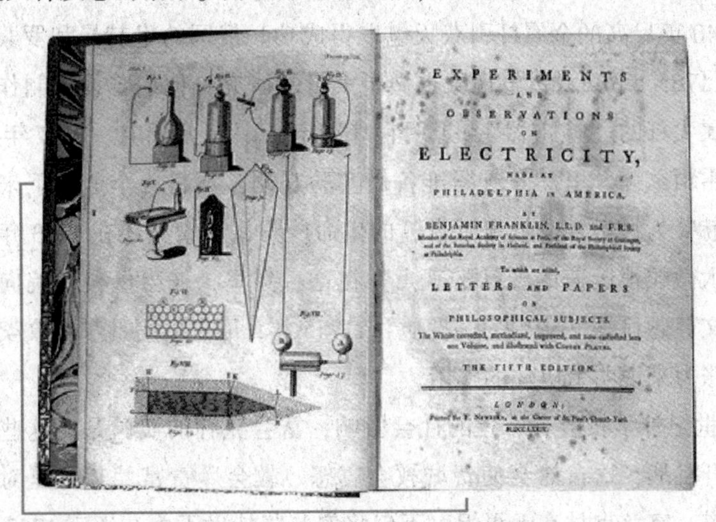

EXPERIMENTS
AND
OBSERVATIONS
ON
ELECTRICITY,
MADE AT
PHILADELPHIA IN AMERICA.
BY
BENJAMIN FRANKLIN, L.L.D. and F.R.S.
LETTERS AND PAPERS
ON
PHILOSOPHICAL SUBJECTS.
THE FIFTH EDITION.
LONDON:

富兰克林的《电的实验和观察》书稿

问题：雷电的电与摩擦电本质上是否一样，区别在什么地方？为了加大电容量，富兰克林将几只莱顿瓶联起来做实验，有次实验正在进行，他的夫人进来观看，不小心碰了莱领瓶，突然闪过一团火，随着“轰”的一声响，她被电击倒在地，不省人事，经抢救脱险。这次事故使富兰克林联想起暴风雨中的雷电：那不也是电光闪耀，轰声隆隆吗？他于是下决心要把雷电捉下来进行研究。在1752年7月的一个雷雨天他做了著名的费城实验。

富兰克林用绸子做了一个大风筝，风筝上安上一根尖细的铁丝，用来捉电，并用麻绳将这铁丝相连，麻绳的末端拴一把铜钥匙，钥匙塞在莱顿瓶中间，他和儿子一起将风筝放飞到空中，一阵雷电打下来，富兰克林顿时感到一阵电麻，他赶紧用丝绸手帕把手里麻绳包起来继续捕捉天电。又一阵雷电打下来，这时麻绳上松散的麻一丝丝向四周竖起，靠近钥匙的手和钥匙之间产生了火花。天电终于捉下来了！富兰克林用这种方法使莱顿瓶充电，发现天电同样可以点酒精，可以做摩擦起电机产生的地电所做过的许多电的实验，从而证明了天电与地电的一致性。

富兰克林深知做这类实验的危险性，有次他想做电击火鸡的实验，不小心碰了莱顿瓶，立即将他击晕了过去。富兰克林没有知险而退，成功地进行着一系列实验。冒险捕捉天电的壮举还有法国科学家阿里巴等人，他用一根40英尺高的金属杆引获天电取得成功。俄国的里赫曼和罗蒙诺索夫(1711～1765年)，对雷电现象也做了大量的研究，他们曾设计制作了一个装有金属尖杆的“检雷器”，想用它来测定云中有无天电。1753年7月26日，值雷雨欲来，里赫曼赶紧准备做实验观测，不料一个劈雷下来将他击倒，里赫曼为科学事业献出了自己的生命。罗蒙诺索夫还在1753年发表了电是以太微粒很迅速的转动的观点。在这一年里，彼得堡科学院向全世界悬赏征文，题目是“论电力的性质”。1755年，欧勒获得此项征文奖，他用以太中张力来说明带电体的作用。

18世纪神学教会有广泛的社会影响，富兰克林的实验是对这些神学影响的公开挑战，这自然会使费城教会震怒。教会斥责富兰克林是对上帝的大逆不道，富兰克林毫无畏惧，不仅将实验坚持做下去，还于1753年制成世界上第一个避雷针。100多年之后，费城盖了一座新教堂，教会怕遭雷击，也不得不装了避雷针，这个历史事实是对嘲弄科学的教会的极大讽刺。避雷针的发明，是人类应用电学研究为自身服务的第一个明显例子。

对电的本质的研究

意大利学者乔治·沙尔哲（1720～1779年）于1752年曾做过这样的一个实验：取两片金属片，一片是铅，另一片是银，然后将两片金属的一端连接在一起，他用舌尖去尝尝连接处的味道，感觉是既不像铅片，也不像银片的味道，而是很像铁的硫酸盐的味道。沙尔哲觉得奇怪，但他没有继续研究下去，这个现象也没有引起其他学者应有的注意。我们知道，自然界的诸如物理的、化学的、生物的现象都与物质的电结构有密切关系。18世纪的下半叶，电学已处于和许多现象开始发生联系的阶段。抓住这种联系深入研究下去的人就能对科学做出贡献。

意大利生理解剖学教授伽伐尼（1737～1798年）和他的两位助手于1780年9月20日做青蛙解剖实验，一名助手不慎将手中的解剖刀的刀尖触到了桌上一只剖开的蛙腿神经上，顿时青蛙的四条腿猛烈地发生痉挛，另一名助手看到放在一旁的起电机跳了火花，这一现象引起了伽伐尼的极大注意。他选择不同的条件，在不同的天气里多次重复对这一现象的观察实验，并在题为《论肌肉运动中的电力》一文中对此作了归纳总结。他写道："我选择不同的日子、不同的时辰，用各种不同的金属多次重复，总是得到相同的结果，只是在使用某些金属时，收缩更强烈而已。"伽伐尼起先认为，可能是由于放电引起了蛙腿的收缩，他把蛙腿用铜钩子挂到庭院的铁栏杆上，试图观察雷雨天的放电能否引起蛙腿收缩，结果证实确能引起。伽伐尼进一步设想，晴天不放电会有这种收缩现象吗？他发现，只要把铜钩子挂到铁栏杆上，蛙腿也有抽搐现象。由此，伽伐尼认识到，放电现象的存在不是蛙腿抽搐的必需条件。他在实验中发现只要有2种不同的金属分别接触蛙腿的神经和肌肉，并且使这两种金属彼此连结形成一个闭合回路（如铁栏杆和铜钩），蛙腿就会产生痉挛。如果金属改用骨柄或玻璃一类的非导体，就没有上述现象发生。现在我们知道，既然两种金属与蛙腿连接可产生和通电一样的效果，这就证明了两种金属与蛙腿接触可以产生电流。

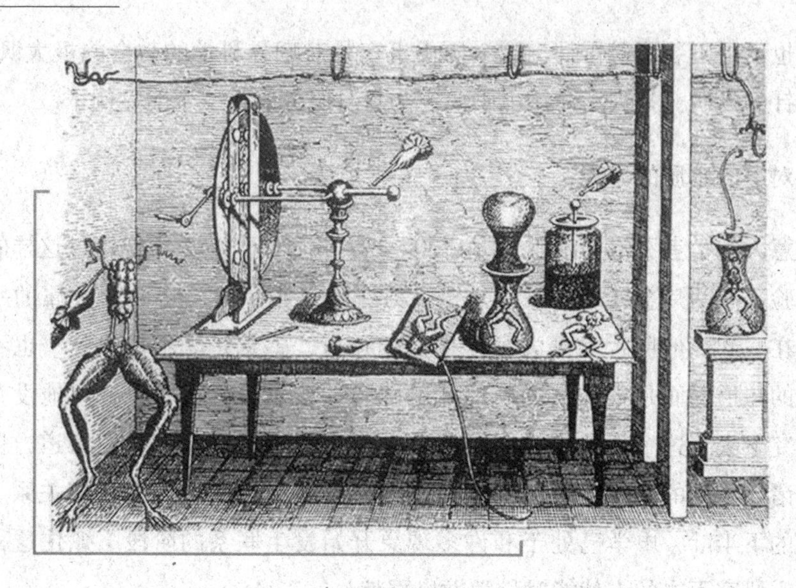

伽伐尼的青蛙实验

可是当时伽伐尼没有形成这样的观念，他坚持动物体内存在着“动物电”，用两种金属与动物接触，就能把这种“动物电”激发出来，金属与蛙腿接触只是起了放电作用，就像莱顿瓶的放电作用一样。伽伐尼的发现实际上标志着电流的发现，而电流的发现是电学中的一个重大转折，它意味着电学从研究静电现象进入了研究动电现象的阶段。不过，这一发现的重要意义并没有立即为多数人所认识。

伽伐尼的发现引起了意大利的科学家伏打（1745～1827 年）的注意。那时他正在做生物电的实验。他知道沙尔哲用相互连接的两根金属丝的另外两端同时与舌头接触时会尝到苦味的实验，也用各种金属亲自做这类实验，他发现不同的金属都有类似的效果，只是舌头感到的麻木或苦味的程度不同。当他用一根由两种金属组成的弯杆的两端分别与舌头和眼睛附近部位接触时，眼睛里就有光亮的感觉。这些实验使伏打认识到：2 种金属的接触是产生电流的必要条件，只要有 2 种金属与另一个第二类导体（某些化学溶液或生物体的器官）连接成一个回路，就能产生电流。伏打认为不存在伽伐尼提出的“动物电”，蛙腿只是起到验电器的作用。这之后，伏特花了 3 年时间，用各种金属搭配成一对一对，做了许多实验。从实验中他找到这样一个序列：锌、锡、铅、铜、银、金……按这个序列将前面的金属与紧接着的下一种金属搭配起来，接触在一起，那么前者就带正电，后者带负电，无一例外。我们现在知道，用量子力学费米能级可以解释金属存在接触电位差的原因，当然伏打那时还不能解释存在这一“伏打序列”的原因。至于“动物电”，1793 年伏打明确否定了它的存在。他在给一家物理杂志编辑的信中指出，“用不同的导体，特别是金属导体接触在一起，包括黄铁矿、其他矿石以及炭等，我们称之为干导体或第一类导体，再与第二类导体或湿导体接触，就会扰动电液，引起电激动”。伏打的意见一发表，立即轰动了科学界，学者们议论纷纷。

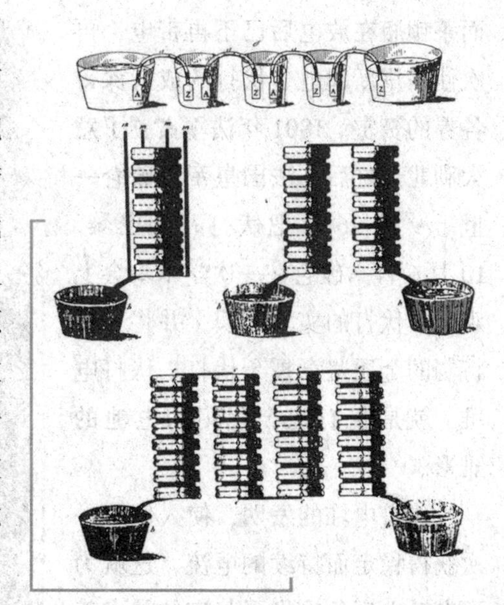

伏打电池和电堆

意大利学者费伯鲁尼（1752 ~ 1822 年）在 1796 年做了一个实验，他将 2 种金属一起放在水中，也观察到了伽伐尼效应，但他特别强调还观察到了其中一片金属部分地氧化了，从而得到一个新的重要论断：某些化学作用不可分离地与伽伐尼效应联系在一起。伏打不管学术界如何议论，加紧进行自己的研究工作。1800 年春，伏打制成了历史上著名的伏打电堆，他在给英国皇家学会的一个报告中谈到：“无疑你们会感到惊讶，我所要介绍的装置，只是用一些不同导体按一定的方式叠起来的装置。用 30 片、40 片、60 片，甚至更多的铜片（当然最好是银片），将它们中的每一片与一片锡片（最好是锌片）接触，然后充一层水或导电性能比纯水更好的食盐水、碱水等液层，或填上一层用这些液体浸透的纸片或皮革等，就能产生相当多的电荷。”伏打这个电堆既能产生同莱顿瓶里一样的电，而且有优于莱顿瓶之处，那就是把电堆的两端的金属导线连接起来可以获得持续不断的电流，而莱顿瓶在放电后已不再带电，再次使用重新起电。伏打的成就深得各界的赞赏。1801 年法军占领了意大利北部之后，法国皇帝拿破仑一世于 9 月 26 日把伏打召到巴黎。10 月 6 日拿破仑在一次学术聚会上观看了伏打的实验表演，并将一枚特制的金质奖章授予伏打。伏打电堆，就是我们现今使用的电池的雏形。

伏打向拿破仑演示他的电堆

伏打电堆的发明，使人们第一次获得稳定而持续的电流，这就为研究动电现象提供了坚实的技术基础。有了伏打电堆，一方面促进人们研究产生电荷的原因，从而使电化学、化学电源的研究工作有了很大的进展；另一方面促进人们研究电流的各种效应，从而使人们开始对“电有什么作用”的问题展开了广泛研究。一个突出的例子，是 1811 年化学家戴维曾用 2000 个电池组成的电池组供给碳极电弧以大电流，产生了很强的电弧光，成为爱迪生发明白炽灯泡之前的一种有效的电光源。

随着伏打电池的发明，电磁学的研究兴起了高潮，进入了用科学的定量方法来研究的近代阶段。

库仑定律的确立

莱顿瓶、伏打电堆的发明，使人们看到的电作用的各种效应越来越多，有力学、化学、生理方面的各种电现象。为了表征电的作用，科学家们逐渐从纷繁的电现象中把“电力”的概念抽象出来，用以说明带电体产生种种效应的能力。

德国科学院院士埃皮诺斯（1724～1802 年）于 1750 年前后，发现带电

体之间的距离缩短时，两者之间的吸引力或排斥力会明显增加；而且，当一个导体移近一个带电体但不接触时，导体的远端获得了与带电体相同的电荷，近端却获得与带电体相反的电荷。这就是我们知道的静电感应现象。对这两种现象，埃皮诺斯都未再进行深入研究。

德国人普利斯特利（1733～1804 年）按富兰克林 1766 年给他的信中所建议的方法做实验，结果表明：当中空的金属容器带电时，其内表面上没有任何电荷，在内部的空气中也不存在任何电力。由此，普利斯特利大胆地猜测：电的吸引力遵从与万有引力相同的规律，即力的大小与距离的平方成反比的规律。

英国爱丁堡大学的罗宾森（1739～1805 年）的工作又前进了一步。1769 年他用实验推测到了反平方力律。他根据实验结果推算出电荷的排斥力反比于电荷间距离的 2.06 次幂；异号电荷的吸引力反比于电荷间距的略小于 2 的次幂。于是，罗宾森断言：正确的电力律反比于距离的平方。

英国科学家卡文迪许（1731～1810 年）对静电学研究做出了很大的贡献。关于静电力律他用实验得出了很出色的结果。

卡文迪许曾在剑桥的彼得豪斯学院任教。后来，这位被人称为“最富有的学者，最有学问的富翁”却开始了奇特的隐居生活。在自己的住所，他不接待来访者，孑然一身，甚至每天只用留在餐桌上的纸条来向女佣人预订他的正餐。他的一生都是在自己的实验室和图书馆里度过的。他的著述、实验成果几乎从不发表。有人说他一生“比有史以来任何一个活到 80 岁的人更少讲话”。他的社交活动，仅限于偶尔到皇家学会参加会议，或提交报告。

过了 1 个世纪，卡文迪许的遗著才由麦克斯韦整理成册并于 1879 年出版。麦克斯韦写道：“这些论文证明卡文迪许几乎预料到电学所有的伟大事实。”

卡文迪许于 1772 年就用同心球实验来验证静电力的平方反比律。他用胶纸板做成直径为 12.1 英寸（注：1 英寸 =2.54 厘米）的球体和 2 个中空的直径稍微大些的半球。球和半球均用锡箔覆盖，以使它们成为较理想的导电体。

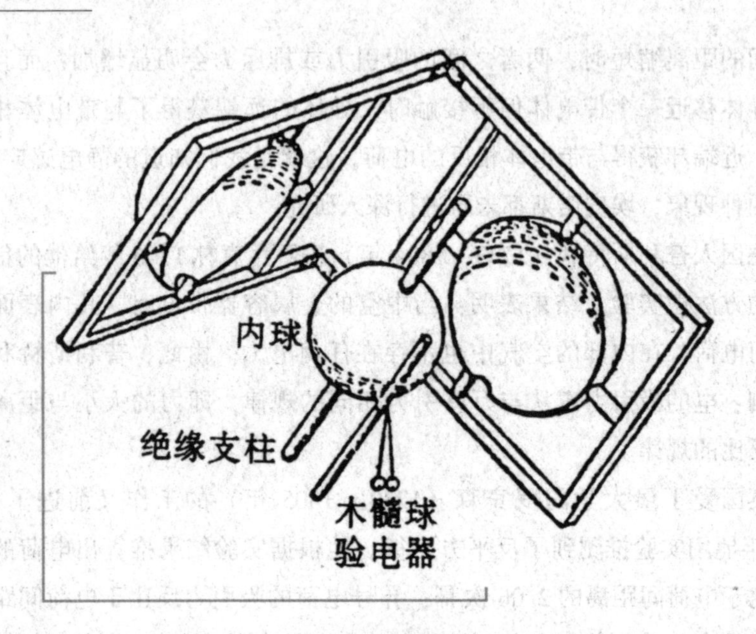

卡文迪许实验装置

卡文迪许把内球和带电的外球施行电接触，然后把两者分开，之后他在内球上寻找电荷，结果找不到，也就是两中空的半球内没有任何一点电的作用。他设想通过两半球腔内任一点 P 横切一刀，把球壳分成上下两部分，达两部分部分别给 P 点一个静电力。卡文迪许用数学方法证明了，只有当静电力时，两部分给 P 点的力才相互抵消，呈现不受电力的状态。1777 年卡文迪许向英国皇家学会提出报告说：“电的吸引力和排斥力很可能反比于电荷间距离的平方。如果是这样的话，那么物体中多余的电几乎全部堆积在紧靠物体表面的地方”，“物体的其余部分处于中性状态”。卡文迪许总结出了静电力公式：

$f(r)=k/r^n$ 式中：$n=2\pm0.02$

排斥力反比于 2.02 次幂，吸引力反比于 1.98 次幂。

从卡文迪许的手稿中发现，他已提出了静电电容、电容率、电势等概念。1781 年，他甚至于已完成了相当于预测欧姆定律的探讨。遗憾的是，在他生前几乎就没有发表他的研究成果，因而对那个时代的科学家没有什么促进和影响。

关于静电力的反平方律科学界公认是库仑用精湛的实验最后确立的，

故称为库仑定律。

法国物理学家库仑（1736～1806年）出生在法国昂古莱姆，以后在巴黎上学，青年时代他参了军，后来成为工程师，从事科学研究。当时法国政府要在布列塔尼挖掘通航运河，海军部派库仑去考察河床，而库仑根据调查写了一个不宜挖掘该运河的计划，这就触怒了一些当权者，库仑被拘留了起来。事情过去之后，布列塔尼地方当局要给库仑一大笔酬金，但库仑仅接受了一只秒表，以备实验之用。

库仑在从事毛发和金属丝的扭转弹性的研究中，发明了扭转天平即“扭秤”。由于这方面的突出成就，库仑于1781年当选为法国科学院院士。1784年法国科学院发出有奖征文，库仑应召对船用罗盘进行研究。这样，库仑的科学研究就从工程、建筑方面转到电磁学方面来了。1785年，他在原来对扭力研究的基础上，改进扭秤，又自行设计制作了一台精密的扭秤，最后终于确立了以他名字命名的库仑定律。这定律阐明：电荷之间的作用力与其距离的平方成反比，与两者所带电量的乘积成正比。

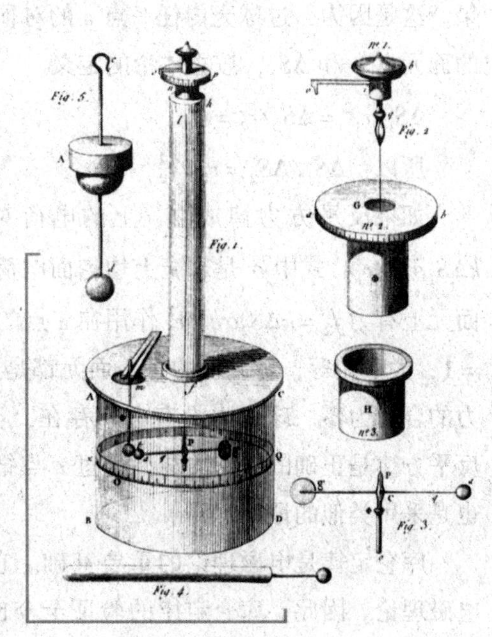

库伦的电扭秤实验装置

库仑在实验中，用了一个直径和高均为12英寸的玻璃圆缸，上面盖一块玻璃板，盖板中间有孔。孔中装一根玻璃管，从盖板向上管高约24英寸。一根根质悬丝安在玻璃管上路并穿过管伸进玻璃缸内，悬丝下端系在一长度小于12英寸的横杆正中，杆的一端为木质小球，另一端贴一小纸块，以配重平衡使横杆始终处在水平状态。玻璃圆缸上刻有360个刻度，悬丝自由松开时，横杆上小木球指零。然后他使另一固定在底盘上的小球带电，再让两小球接触后分开，以致两小球均带同等量电荷，互相排斥。改变两小球的间距，测得电排斥力的力律为反平方律。之后，库仑将此实验推广到异号电荷的电吸引力，反平方律依然成立。

库仑还用类似于卡文迪许的实验验证了反平方律。他使一个绝缘的金后球 A 带电，再用两个孤立（与其他物体绝缘）的金属半球壳套 B 和 C，把 A 球套住接触后再分开，则发现 A 不带电，而 B、C 都带电。很明显，金属球所带的电必定分布到两半球壳 B，C 表面上了，这只能是反平方律的结果。这是因为：过球壳内任一点 a 的对顶立体角的两锥体的底面是球壳面上的面元 ΔS_1 和 ΔS_2，按立体角的定义

$$\Delta S_1/{r_1}^2=\Delta S_2/r_2^2=\Omega$$

所以：$\Delta S_1/\Delta S_2={r_1}^2/r_2^2$

如果反平方力律成立，上的电荷对 a 点上试验电荷 q_0 的力为 $f_1=k\Delta S_1\sigma q_0/r_1^2$，式中 σ 是球壳上均匀面电荷密度，k 是比例常数，对应的 ΔS_2 面元上有力 $f_2=k\Delta S_2\sigma q_0/r_2^2$ 作用在 a 点的 q_0 上，f_1 与 f_2 方向相反，$(f_1/f_2)=1$，大小相等，球壳上的每一面元都是这样一一对应的，球壳对 a 点的电力的合力为零。球壳内没有电荷存在，正说明球壳内不存在电力，即力的反平方律是正确的。卡文迪许通过 a 点把球壳截成两半，反证定律的正确，也是采用类似的证明思路。

库仑定律是电磁理论的重要基础。它如果不成立，将会影响到整个的电磁理论。因此，库仑定律的验证至今也未停止，而且越做越精确。假定力律按 $1/r^{2+a}$ 而变化。1971 年，威廉斯等人的实验结果为：$a=(2.7\pm3.1)\times10^{-16}$，这说明库仑定律是极严格成立的。现代的这种验证方法，其基本思想却几乎与卡文迪许的相同。不过现代的实验验证是采用一整套光、电精密仪表、设备，使用电压为 10 千伏、频率为 4 兆赫的交流电进行的。

奥斯特发现电流的磁效应

人类长期以来，一直把电现象和磁现象分别对待。从吉尔伯特到库仑，也都是断言电和磁是两种完全不同的实体，它们不可能相互转化。而伏打电池的发明，为实现电流与磁的相互作用提供了强有力的实验手段。

19世纪初，德国康德（1724～1804年）关于基本力向其他种类力转化的哲学思想，以及以谢林为首的德国自然哲学学派关于自然力是统一的思想，对物理学界影响很大，促使人们去寻找电和磁的本质关系。丹麦的奥斯特（1777～1851年）对康德的哲学思想就十分信奉。他坚持自然力是统一的思想20余年，反复探索热、光、电、磁和化学亲和力之间的联系，进行了多方面的科学研究。

奥斯特17岁考入哥本哈根大学。1799年他写了一篇宣传康德哲学的论文，因此获得哲学博士学位。1801年他到柏林、哥廷根、巴黎等地旅游、学习3年，结识了不少物理学家和化学家。1804年奥斯特回到丹麦，1806年开始在哥本哈根大学执教。当时匈牙利化学家温特勒主张所有的物质都是由分别代表酸性和碱性的两种基本物质组成的，千差万别的物质形态，都可用二种基本体的合成或分解加以解释，这种统一实际上是康德和谢林的哲学思想的体现。因此，温特勒的化学体系强烈地吸引了奥斯特，1806年以后，奥期特从事化学亲和力的研究，1812年奥期特出版了《关于化学力和电力的统一的研究》一书。这部著作总结了他早期对电、磁、光、热及化学亲和力的研究，充分表明了奥斯特已将力的统一思想运用到物理和化学的研究中。

奥斯特演示电流磁效应

富兰克林曾发现莱顿瓶放电会磁化钢针的现象，这对奥斯特有很大启发。在1812年出版的书中，奥斯特根据电流流经直径较小的导线会发热的现象推测，如果通电导线的直径进一步缩小，导线会发光，最后甚至会产生磁效应的。1819年冬，奥斯特在哥本哈根开办了一个讲座，专门为具备自然哲学和相当物理知识的学者讲授电和磁的课题。在备课中，奥斯特分析了自己以及其他许多人寻找电流的磁效应都归于失败的原因，产生了“莫非电流对磁体的作用根本不是纵向的，而是一种横向力”的疑问。他决定在电流的垂直方向上寻找磁效应。1820年春，奥斯特使用了一个小的伽伐尼电槽装置，让电流通过一根直径很小的铂丝（这与他原先认为直径越小导线就越容易产生磁效应的观念是有关系的），在这根细铂丝下面放置了一个封闭在玻璃罩中的磁针，准备上课前试一试，但临时装置出了点故障，课前未能试成。当这堂课快讲完时，他决定不管怎样也要试一下。于是在听众面前大胆地合上电源，上述实验装置的小磁针被电流的效应扰动了。由于细铂丝通过的电流太弱，磁针受扰动很不明显，加之听众对电流的磁效应又无探讨的思想准备，所以这次实验并没有给在场者留下深刻的印象。然而奥斯待本人被实验现象深深地激动了。在这之后的3个月中，奥斯特加大了电流，连续进行了紧张而又深入的实验研究。1820年7月2日，他向欧洲各主要科学刊物公开了他的实验。其报告题为《关于磁针上电流碰撞的实验》，用拉丁文写成，仅用了4页纸，没有任何数学公式，也没有图表和示意图，只以简洁的文字叙述了实验的过程和结果。文章虽短，却轰动了欧洲，尤其是受到数学实力雄厚的法国科学院的欢迎，得到法国物理学界的高度评价。

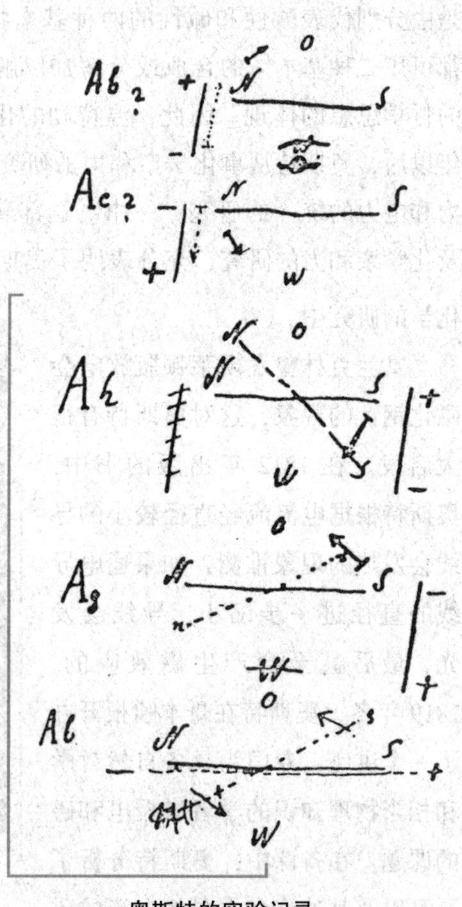
奥斯特的实验记录

奥斯特的实验证明了电流只对磁性材料产生作用，而且这种作用具有横向性质。奥斯特还将玻璃、木头、水、松香、瓦片、石块等非磁性物体插在导线和罗盘之间，没有发现偏转的磁针有任何改变，甚至当磁针浸在装有水的铜盆里的时候，磁针在电流作用下仍然偏转。磁针放在导线的上面或下面，其偏转方向正好相反。由此，奥斯特直觉地发现，他所定义的“电流碰撞”沿着以导线为轴线的螺旋线传播，螺线的螺纹方向几乎与导线垂直。这就是电流的磁效应的横向特点的直观描述。奥斯特的“电流碰撞”虽是不科学的臆造的文体，但它却避免了使用牛顿的超距作用的概念。

过了50多年，美国物理学家罗兰于1878年设计了一个很精巧的实验，把磁的横向特点显示得更为突出。这个实验的基本内容是：静电带电圆盘绕垂直盘面的轴体转动时，相当于电荷作圆周运动，在轴线位置放一磁针，结果和电流通过圆形导线时安培所观察的结果相同，磁针受一个垂直于圆盘面的力的作用而发生偏转。圆盘转得越快，即电荷作圆运动的速度越大，则作用于磁针的力明显增大，磁针从原来位置偏转到垂直于圆盘平面的轴方向就更显著。于是，不仅力不在连接磁针与电荷的直线上，而且力的大小还与带电体的速度有关。然而，整个牛顿的机械力学观是建立在一个信念上的，即认为一切现象都可以用只与距离有关而与速度无关的力来解释的。而且，服从牛顿定律和库仑定律的引力、电力、磁与磁间的作用力都是沿着连接于相互吸引或相互排斥的物体的一条直线上发生的。从奥斯特到罗兰的实验却推翻了这个信念，牛顿的机械力学体系不再是最后的、完美无缺的体系了，这无疑是对旧观念的强有力的冲击，引起了物理观念上的一次大的飞跃。

历史上曾经有人讥笑奥斯特的发现是一种偶然的幸运。从以上的史实已足以说明这种讥笑是多么的愚蠢。奥斯特坚信自然力是统一的思想并为之宣传奋斗达20余年，由他发现电流的磁效应，是必然的结果，这正如法国生物学家巴斯德所说的一句名言：“在观察的领域中，机遇只偏爱那种有准备的头脑。”

安培定律及分子电流说

奥斯特实验结果公布后不到2个月，即1820年9月中旬，刚从瑞士回到巴黎的法国物理学家阿拉果（1786～1853年）赶紧向法国科学院汇报了奥斯特的发现，院士们听后大为震惊。“库仑不是早就证明了电与磁不会有联系吗？”他们简直不敢相信奥斯特的发现，于是各自回到家里或实验室，重复奥斯特的实验。结果说明既不是库仑的证明有错误，也不是奥斯特的发现不真实，而是将一定条件下的局部真理外推到一般情况而形成的一种错误观点要予以否定。库仑说的是静电与静磁之间不可能相互作用，这个有一定条件限制的正确论断决不能推广到电流或运动的带电体上。

奥斯特的发现使法国科学家猛醒过来，尤其是在科学上最能接受他人成果的安培（1775～1836年）迅速作出了反应，立即投入到比奥斯特发现更为详细的研究工作中去，取得了很出色的成果。

安培在少年时代就表现出他具有卓越的数学才能。法国大革命时期，他的父亲被处死，使安培精神上受到巨大打击。他对科学的热爱是由于读了卢梭关于植物学的著作而重新点燃的。安培的主要经历是在巴黎综合技术学校从事科学研究达20多年之久。

1820年9月18日，即在听了阿拉果报告奥斯特实验结果后的第七天，安培就向法国科学院报告了自己的第一篇论文，阐述了他重复他的奥斯特实验，并提出了圆形电流也有磁效应的观点，确定了磁针转动的方向与电流方向的关系服从右手定则，后人称之为安培定则。此后，安培创造性地扩展了实验内容，研究电流对电流的作用，即一电流产生磁效应（现在称为磁场），这种磁效应又会对另一电流有作用，这就比奥斯特的实验前进了一大步。9月25日，他向法国科学家提交了第二篇论文，叙述了用实验证明两个平行载流导线之间的相互作用的规律。安培的结论是：当电流方向相同时，它们互相吸引；当电流方向相反时，它们互相排斥。安培接着又用各种曲形载流导线做实验，研究它们之间的相互作用，并于10月9日向法国科学院报告了他的第三篇论文。

安培对此课题锲而不舍，又集中精力进行了2个多月的实验，他将精巧的实验与当时公认很艰深的数学——矢量分析相结合，对实验结果整理、提炼，提出了两个电流元之间的作用力与距离平方成反比的公式，此即著名的安培定律。安培于1820年12月4日向法国科学院报告了这一重要研究成果。

安培没有就此满足，他于1821年元月，提出了著名的安培分子电流说。认为每个分子的圆电流形成一个小磁体，无数小磁体是形成物体的宏观磁性的内在原因。他还对比了静力学和动力学研究的对象及名称，提出研究动电的理论应称为“电动力学”，这一名称一直沿用至今。安培总结当时有关动电的理论研究成果，于1822年发表了《电动力学观察汇编》，进而于1827年发表了《电动力学理论》。

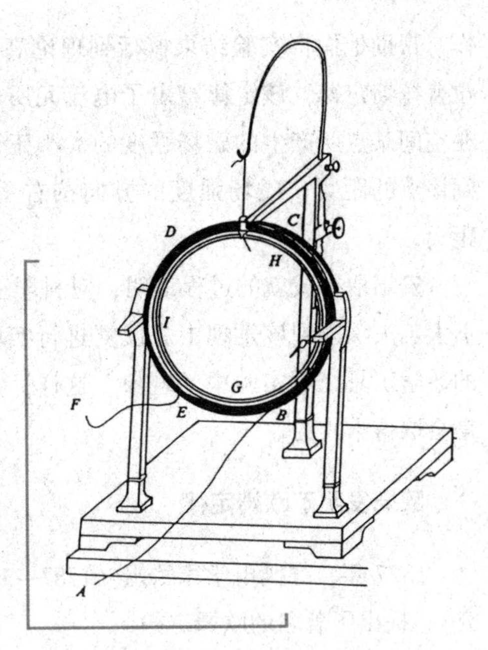

安培演示分子电流的实验装置

除了安培之外，还有一些物理学者做了不少的出色工作。在安培总结出两电流元之间的作用力与距离平方成反比的安培定律之前，法国的毕奥（1774～1862年）和沙伐尔（1791～1841）曾于10月30日发表了题为《运动中电传递给金属的磁化力》的论文。这篇论文阐述了载流长直导线对磁极的作用，其大小反比于磁极到导线的距离。后来法国数学家拉普拉斯（1729～1827年）与他俩合

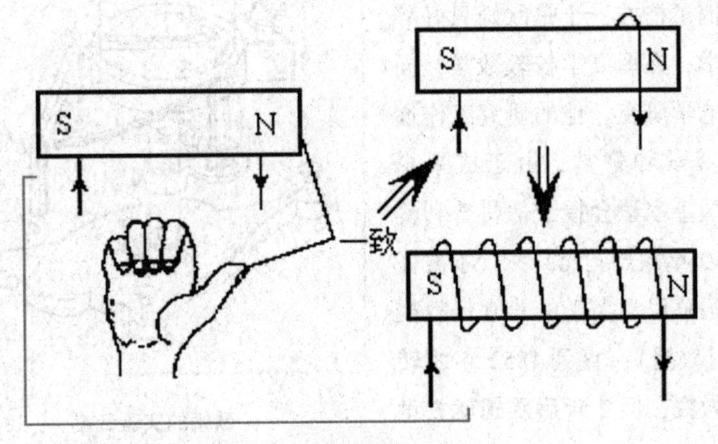

安培定则

作，帮助他们将实验结果概括到理论高度，得到了著名的毕奥—沙伐尔—拉普拉斯定律，该定律给出了电流元所产生的磁场强度的公式，即电流元在空间某点所产生的磁场强度的大小正比于电流元的大小，反比于电流元到该点的距离，磁场强度的方向按右手螺旋法则垂直于电流元和该点的距离。

安培取得成就的过程说明，对科学上的新发现不仅要敏感，而且还要下大工夫深入到该发现中去反复进行实验，拓宽地进行探索，善于用先进的数学工具描写实验中的现象。这样，在新垦的科学园地里，辛勤的耕耘是会取得丰收的。

欧姆发明了欧姆定律

1827 年，德国电学家欧姆（1787～1854 年）发表《动电电路的数学研究》，提出了著名的欧姆定律。

欧姆不是大学毕业生，只是在大学里听过一些课，以后在中学担任教师。30 岁时，欧姆当了科隆大学预科的数学和物理学教师。他定下的抱负是当大学教授。为了写书，欧姆请假到柏林查阅资料，这下可惹恼了校方，于是欧姆只好辞职去教学，在军事学校教数学，同时进行电学研究。他的研究工作逐渐受到尊敬和赞赏，由于成果卓著，英国皇家学会授予他科普利奖章。1849 年欧姆已 62 岁，才被任命为德国慕尼黑大学的非常任教授（相当副教授）；直到 1852 年才转为正式教授，但 2 年后欧姆就去世了。欧姆顽强奋斗一生，终于在生

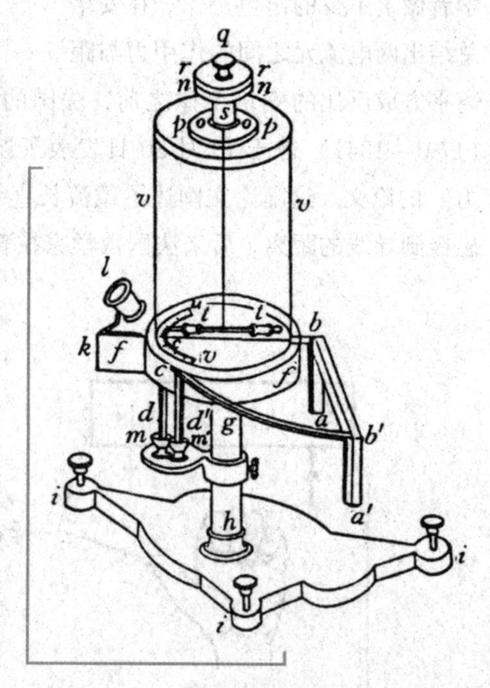

欧姆的实验装置

前实现了年轻时定下的雄心壮志。欧姆从热流规律中受到很大启发。他对比地联想：既然导热杆中两点之间的热流正比于这两点的温度差，是否导线中两点间的电流也是正比于这两点间某种驱动力呢？欧姆沿这条思路考虑，并把这种驱动力称为验电力，即今天我们所称的电势差。欧姆花了很大精力在这方面进行探索。开始欧姆用伏打电堆做实验，由于电堆的电流不稳定，效果很不理想。后来，温差电池发明之后，欧姆用它来作为电源，于是稳定的电流有了保证。接着又遇到电流强度的测量难题。欧姆开始利用电流的热效应，由热胀冷缩效应测电流强度，因为这种效应不明显，所以很准取得可靠的数据。后来，欧姆巧妙地利用电流的磁效应，设计了一个电流扭秤：一磁针由丝线悬挂着，让通电导线与该磁针平行放置，再用一铋和铜组成的温差电池供电。电池一端浸在开水里，另一端插入碎冰中，并用两个水银槽作极，与导线相连。当钢导线通电流时，磁针偏转角与导线中的电流强度成正比。电流强度的准确测定，使得电流强度与电势差成正比（比例系数为导线的电导率）的定量关系，即欧姆定律，终于在《动电电路的数学研究》论文中确立了。

欧姆定律按其形式来讲要比安培定律简单很多，却在奥斯特的实验及安培定律之后7年才建立。这说明，在稳定电流源及电流强度的精确测量方法还不具备时，要对电流强度与其他物理量的定量关系作理论上的概括工作是不可能的。这也说明物理学是能从实验上加以验证并能得到定量描述的科学，人类的实践活动（包括科学实验）比起人类的理性活动（包括科学理论）来说，是更为重要的活动，在人类的知识发展中往往起决定性的作用。

法拉第揭示电磁感应现象

英国的法拉第（1791～1867年）是19世纪电磁研究领域中最伟大的实验家。

法拉第是一个铁匠的儿子。按他自己的话说：“我所受的教育是最平常的，比在普通的学校中基本的读、写、算多不了多少，我课外的时间还消耗在家里和街道上。”他 13 岁开始，在离家不远的书店和装订厂当童工，成为一名装订学徒工。法拉第十分喜爱阅读经他手的科学书籍。工余之后，法拉第还做些简单的化学实验，每周花上几个便士买些简单用品。19 岁时，他在晚上还常抽空去听关于自然哲学的讲座，法拉第的哥哥对他很支持，为他支付入场费用。21 岁时，法拉第幸运地听了化学大师戴维（1778 ~ 1829 年）在皇家研究院的 4 次演讲。这时，法拉第已经成为工厂的正式装订工，但法拉第渴望到科学研究部门里工作。在他想象中，科学部门里的学者一定是和蔼可亲、心胸宽广的人。这个想法促使法拉第迈出了人生道路上关键的一步。他大胆地给戴维写了封信，表示了自己想到戴维门下工作的意愿，并将听戴维的演讲所做的工整的笔记也寄了去。戴维收到法拉第的信和笔记本后，受到感动，给法拉第复信，接受了他的请求。1813 年，法拉第 22 岁，在英国皇家研究院当了戴维的助手。那年秋天，戴维外出旅行，法拉第作为戴维夫妇的秘书随同前往。他们游历了法国、意大利、瑞士等国，1815 年法拉第回到皇家研究皖。这次长达 2 年的旅游经历，使法拉第长了不少见识。回国后，法拉第开始了自己的独创性的研究工作。1821 年，30 岁的法拉第才结婚。这期间，法拉第已经在化学、光学和声学诸方面取得了很多研究成果，大多数科学家决定推举他为皇家学会会员，而妒忌心却使学会主席戴维反对他的学生当选，然而主席职位的权威未能压住法拉第，1824 年法拉第被选为皇家学会会员。法拉第并不计较恩师的忌妒心，他总是怀着敬慕的心情称颂戴维的天才，讲到在他早期的科学生涯中恩师对他的启迪和教诲。1825 年，法拉第任皇家研究院院长。

19 世纪 20 年代，欧洲的科学杂志已有不少，奥斯特的发现及其他有关电的磁方面的实验及理论研究成果传播到了欧洲各国。面对他国的科学成就，英国著名杂志《哲学年鉴》的主编不甘落后，于 1821 年特意邀请化学家戴维撰写文章，综述奥斯特发现以来一年中电磁学实验与理论的进展概况。戴维把此事交给了法拉第。在收集资料的过程中，激起法拉第对电磁现象要进行研究的极大热情，这样，法拉第就从其他研究课题逐渐转向电磁学方面。

1821 年 9 月 3 日，法拉第重复了奥斯特的实验，他将小磁针放在载流

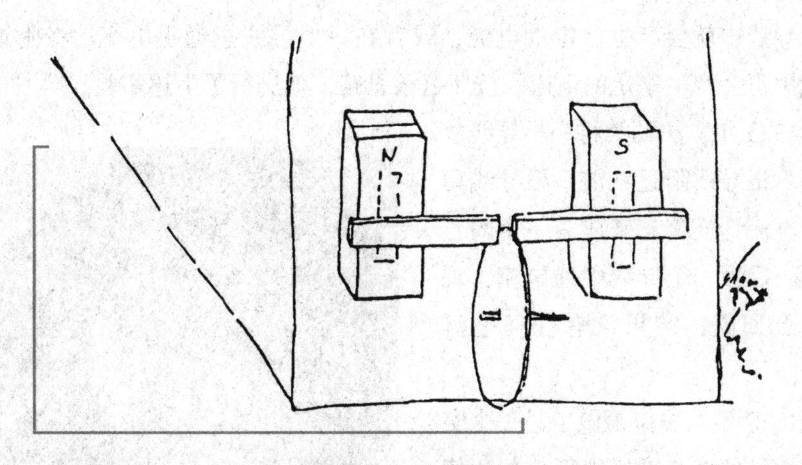

法拉第实验记录图

导线周围的不同地方，发现小磁针的磁极受到电流作用后，有沿着环绕导线圆周旋转的倾向，这比奥斯特的实验前进了一步。据此法拉第还做出了一种磁旋转器。

法拉第仔细分析了电流产生磁效应的许多现象，他认为电流与磁的作用应有几个方面，那就是电流对磁、电流对电流、磁对电流等。在他之前，已经发现了电流产生磁的作用、电流对电流的作用。那么反过来，磁对电流有什么作用呢？法拉第认为既然磁铁可以使近旁的铁块带磁，静电荷可使近旁的导体感应出电荷，那么电流也应当可以在近旁线圈中感应出电流。1822 年法拉第在日记中写下了他的光辉思想："磁能转化成电。"从这一年起，法拉第对此进行了系统的探索。开始，他简单地认为用强磁铁靠近导

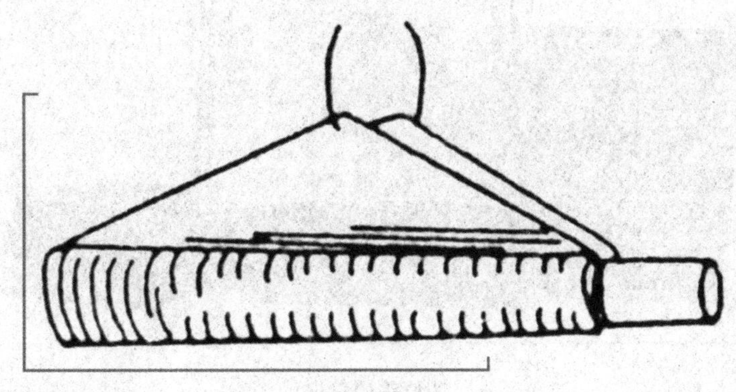

法拉第实验

线，导线中就会产生稳定的电流，或者在一根导线里通上电流，在附近的导线中也会产生稳定的电流。按照这条思路，他进行了下述实验。

1825年，法拉第将一根导线放在另一根导线附近，前一根导线用一个电流计连接起来成为一个闭合回路，后面一个导线中通电流，观测闭合回路，结果没有任何电流显示。

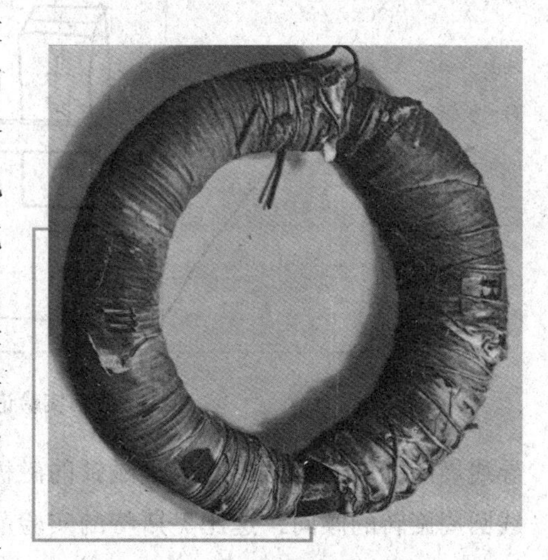

法拉第环

1828年，法拉第做了另一个实验。用悬丝将绝缘棒中部拴住，使绝缘棒水平无扭转地悬挂着，棒的一端固定了一个铜质闭合线圈，另一端固定一个小的重物配重，用一块条形强磁铁的一极放入线圈内。法拉第认为，如果磁铁对线圈有作用，产生感应电流，这时若再将第二块磁铁靠近线圈，则线圈便会在水平面内转动。但任何转动也未观察到。法拉第又用铜质开环（铜环开个小口），又换铂、银材料做的闭环和开环重复做这一实验，仍然没有观察到感生电流的任何迹象。

法拉第做了近10年的“磁生电”实验。在工作日记中写下了大量的毫

法拉第的日记

无结果的失败记录，厚厚的日记册正是法拉第百折不回、坚持奋斗的见证。他的日记，也记载了科学预见的光辉思想。法拉第坚持写工作日记几十年，直到生命的终结，这在科学史上，也是少见的。

1831 年 8 月，法拉第再一次回到“磁生电”这一重大课题上来。他以往的失败，都在于只研究稳定状态效应，思想上还没有暂态（持续时间很短）效应的概念，更没有去创造条件展现暂态效应。这次法拉第在一只软铁环上绕以两组线圈 A、B，线圈 B 与一电流计连接，当线圈 A 与电池组（由 10 只电池组成）相连的瞬间，电流计的指针偏转了一下，然后又回到原来位置。当线圈 A 与电池组断开时，指针又偏转了一下再回到原来指零位置。法拉第并没有立刻领悟到这一现象的重要意义，只是开始意识到这是一种暂态效应。

同年 9 月 24 日，法拉第将两根条形磁铁支成三角形，即一端的 N 极和 S 极拼在一起成三角形顶用，下端 S 极和 N 极分开，其间安放绕在铁质圆柱体上的螺旋线圈，线圈与电流计相连。他观察到，每当线圈跟下端的 N 极或 S 极接触一下，或脱离一下，电流计指针就偏转一下。这时法拉第觉察到，这效应和他 8 月份做的实验所显示的效应相似，他立即想到这就是寻找了将近 10 年的“磁生电”现象。

10 月 1 日，法拉第满怀信心地再次实验。为使效应更加明显，他加大电流，加多绕组线圈。法拉第把长约 186 米用纱布包起来的铜导线绕在很宽的木线筒上，再于绕组线圈上绝缘地绕上同样长度的纱包铜线，将一个绕组和电流计连接，另一个绕组和 100 对金属极组成的电池组连接。他发现，当电键 K 接通和断开与电池的连接时，和另一绕组相连的电流计的指针明显摆动。法拉第还观察到，接通和断开电键 K，电流计指针是作相反的摆动，但最后都回到原来指零位置。至此，法拉第对磁产生电流的现象已确信无疑。

10 月 7 日，法拉第采用另一种方式进行实验：直接让磁棒运动看能不能产生电流。仍然将一线圈与电流计相连，手持一永久磁棒迅速插入或抽出线圈，他发现电流计指针在插入或抽出的瞬间发生偏转，然后回到原来指零位置。接着，法拉第做了几十个类似的实验，他最终认识了感生电流的暂态性质。

1831 年 11 月 24 日，法拉第向英国皇家学会报告了电磁感应的第一篇具有划时代意义的论文。论文中明确地阐述了他解决电磁感应问题的关键，概括了均能产生感应电流的几种情况：正在变化的电流；正在变化的磁场；稳恒电流的运动；导体在磁场中运动。他将上述现象命名为“电磁感应”。至此，法拉第做出了科学史上的伟大贡献——揭示电磁感应规律。

电磁感应规律的揭示，也说明英国在电磁学研究领域里赶上和超过了法国。自牛顿以来，英国对自然科学的基本规律和基础理论的研究一直是很重视的，有成就的科学家受到社会的普遍尊敬并享有较高的社会地位。因此，并未在学校受过系统教育的法拉第能在英国取得如此卓著的成就，还是符合情理的事情。

麦克斯韦的贡献及电磁理论的建立

科学上重大理论的创立，往往是一场接力赛跑。它要靠许许多多的科学工作者前赴后继不辞劳苦的努力，才能达到成熟的境界。19 世纪致使物理学爆发了一场革命的电磁理论，也是如此。从库仑、欧姆、奥斯特、安培到法拉第等人所做的奠基工作，直至最后理论的完成，前后经历了半个多世纪。这一理论的集大成者是英国伟大的科学家麦克斯韦（1831 ~ 1879 年）。

法拉第的力线和场的概念为建立电磁理论提供了物理模型，但描绘场的力线、力管完全是一种定性的理论。法拉第的数学水平不高，无法使他的定性理论上升为精确的定量理论，其中最困难的地方是，法拉第无法用数学来描绘电场和磁场。当时物理学的状况是：已经用相当完善的数学理论来描述分立质点的机械运动。对静电和静磁现象的数学描述，也有相当大的进展。

首先是法国数学家泊松于 1812 年用数学方法证明了：在处于静电平衡的导体内部，任何带电粒子所受的力为零，否则导体内部会有电荷的流动。泊松还进一步证明了：由于万有引力定律和库仑定律均是反平方律，所以万有引力的数学理论的方法和结论大都可以移植到静电学中。因此，泊松认为在静电学中也可以找出与万有引力情形相似的函数 V 来解静电学问题。1813 年泊松证明在静电学中的拉普拉斯方程。就在这年，德国数学家高斯给出了电通量满足的定理，即后人称为的高斯定理。

泊 松

英国一位自学成才的数学家格林（Green），于 1828 年发表了一个阐述体积分和面积分关系的定理，即格林定理，并推广和发展了泊松对电磁学的贡献，明确指出泊松所说的函数是具有普遍意义的“势函数”，还进一步从理论上说明了静电屏蔽效应。

德国物理学家诺依曼（1798 ~ 1895 年），于 1845 年根据安培理论，从矢势的角度推出电磁感应定律的数学形式。德国物理学家亥姆霍兹推导出了导体系统的电能，证明了法拉第感应电流之所以产生是能量守恒原理的结果。

英国物理学家汤姆逊在 1847 ~ 1853 年间，提出了铁磁质内磁场强度 H、磁感应强度 B 的定义，认为 H 是沿磁化方向的长空洞中单位磁极所受的力；B 是垂直于磁化方向割出的长狭缝内的磁场强度。此外，汤姆逊还推出了磁场的能量密度、载流导线的磁能。尤其是他在 1851 年发表的《磁的数学理论》，成为后来麦克斯韦的研究工作的先导。

德国物理学家韦伯（1804 ~ 1890 年）等人也对电动力学采取了另一种数学理论加以研究，历史上称为韦伯电动力学。

由此看出，19 世纪 50 ~ 60 年代，无论是在实验上，还是在理论上，都为麦克斯韦建立统一的电磁场理论作好了相当充分的准备。

麦克斯韦的父亲是一位不随流俗的机械设计师，对麦克斯韦的一生影响很大。他思想开朗，讲求实际，非常能干。家里的大小事情，从修缮房屋、制作工具，直到剪裁衣服，样样都能自己胜任。麦克斯韦从小勤思好问，很受父母宠爱。麦克斯韦的童年欢乐是短暂的。他 9 岁时，母亲不幸得了肺结核，不久就离开了人世，而麦克斯韦本人 40 年后也是死于此病。

母亲去世后，麦克斯韦的父亲担起了抚养教育他的全部担子，家计相当艰窘。失去了母爱，麦克斯韦性情渐渐变得孤僻、内向。他最大的快乐，是形影不离作父亲的小帮手。父子相依为命，关系极为亲近。

麦克斯韦 10 岁上中学，他穿着父亲亲手缝制的衣、鞋，不讲式样，为了缝制方便，皮鞋头呈方形。这一身打扮，再加上讲话带很重的乡土音，立即引起同学们的嘲笑，麦克斯韦在冷眼中度过了中学的第一阶段。到了中年级，奇迹出现了，有一次学校举行数学和诗歌比赛，麦克斯韦得了两个科目的最高奖。这使全班同学和任课老师大为惊讶。从此，麦克斯韦受到同学们的崇拜，再也没有人取笑他的服装和话音了，麦克所韦成了全校拔尖的学生，获得了许多奖励。

麦克斯韦的数学才华，很快突破了课本的范围。他未满 15 岁时，即写了一篇数学论文，发表在《爱丁堡皇家学会学报》上，内容是讨论二次曲

麦克斯韦小时候跟爸爸在庄园

线的几何作图。学术刊物登载孩子的论文，这是罕见的，他父亲为此颇感自豪，同时也大大增强了麦克斯韦在学业上的进取心。他不仅是少年数学家，还是一位小诗人。麦克斯韦后来一生都没有放弃过写诗的爱好。麦克斯韦的诗多是即兴之作，取悦亲友，内容常与科学有关。

1847 年秋天，16 岁的麦克斯韦从中学毕业，考进了苏格兰最高学府爱丁堡大学，专攻数学物理。3 年后，为了进一步深造，他转入英才萃集的剑桥大学。在剑桥的第二年，麦克斯韦就以优异的成绩考取了奖学金资格。按校方规定，得奖学金者在同一桌吃饭，麦克斯韦因此结识了一群有志有为的年轻人，并参加了他们的科学团体——“使徒社”。麦克斯韦的内向性格发生了很大的变化，成为“使徒社”里的活跃分子。这一时期，麦克斯韦专攻数学，读了大量的专著。他的学习方法，不像法拉第那样一切都循序渐进，井井有条。他读书不讲系统性，俨如一个性急的猎手，漫无边际。“使徒社”里的朋友要和他讨论问题，是件困难的事情，和读书一样，麦克斯韦说起话来，常常是天马行空，前言不搭后语。他的思路过于敏捷，让人难以捕捉。一次偶然的机会，著名的数学家、剑桥大学的教授霍普金斯对麦克斯韦发生了兴趣，诙谐地对他说：“小伙子，如果没有秩序，你永远成不了优秀的数学物理学家！”这以后，麦克斯韦成了霍普金斯的研究生。

在导师的指导下，麦克斯韦首先克服了杂乱无章的学习方法。导师对他的每一个选题，推导中的每一步运算都要求很严。与此同时，麦克斯韦还参加了剑桥大学的斯托克斯讲座。斯托克斯在数学和流体力学上都有建树。经这两位数学大师的指教，麦克斯韦进步很快，不出 3 年就掌握了当时所有先进的数学方法，成了一名年轻有为的数学家。

和法国的拉普拉斯一样，霍普金斯在英国也是主张数学和物理要结合，这对麦克斯韦产生了重要的影响。麦克斯韦毕业后留校工作。起初，他研究的课题为光学里的色彩论。不久他读了法拉第的《电学实验研究》，立即被书中新颖的实验和见解所吸引。当时学术界对法拉第的学说看法不一，有不少非议。其原因是“超距作用”的传统观念影响还很深，普遍对“场”概念没有认识，加上法拉第的学说缺乏理论的严谨性，他的创见都是用直现形式表达，很难为一般理论物理学家所接受，有的学者还颇有瞧不起之意。有位天文学家就公开宣称："谁要是在精确的超距作用和模糊不堪的力线观念间有所迟疑，那简直是对牛顿的亵渎！"然而，具有远见卓识的汤姆生对法拉第很钦佩，他在自己的卓有成绩的电学研究中，多次向法拉第求教，同时汤姆生（当时是教授）对麦克斯韦给予不少帮助。在汤姆生的影响下，麦克斯韦相信法拉第新说中一定包含有真理，他认真研究了法拉第的著作后，终于领悟了力线思想的宝贵价值，同时也看到了法拉第定性表述方面的弱点。这位初出茅庐的青年科学家决心用数学来弥补这一弱点。

一年后，24岁的麦克斯韦发表了《论法拉第力线》，这是他的第一篇关于电磁学的论文。在此文中，麦克斯韦用数学方法，把电流周围存在力线这一特征，概括为一个矢量微分方程。由此方程，每一电流都产生一条磁的涡线。这一年（1855年），恰好法拉第结束了长达30多年的电学研究。麦克斯韦接过这位伟大先驱手中的火炬，开始向电磁领域的纵深地段挺进。

《论法拉第力线》一文中，麦克斯韦认为电荷间以及磁极间的力是靠场来传递的，他主攻方向是"场"。麦克斯韦把力线比作不可压缩的流体的流线，电场强度比作流速，并引入一种新的矢量函数来描述电磁场。可以说，他把法拉第的物理观念翻译成数学形式。麦克斯韦抓住了真理，就锲而不舍；而汤姆生起步早，也定到真理的边缘，却又迟疑而去。

正当麦克斯韦快要取得研究上的突破时，他父亲病重，为了照料亲人。麦克斯韦到离家很近的一所学院任教，他父亲去世后学院继续挽留他，以致麦克斯韦的电磁研究推迟了4年。

在这所学院任教期间，一项有学术奖的天文学课题花去了麦克斯韦整整2年的时间，这项成果以题为《土星光环》的论文发表于1858年。这年春天，麦克斯韦27岁，和学院院长的女儿结了婚。

在《土星光环》这篇论文里，麦克斯韦成功地用数学物理方法，论述了土星光环由一群离散质点构成。这项成果获得了亚当斯奖。关于土星光环的这一结论在38年后为一位美国天文学家所证实。在土星光环的研究中，麦克斯韦遇到有关气体力学中的一些难题，于是他的研究内容又涉及气体力学方面。著名的气体速度分布率，即麦克斯韦速度分布率，就是这时完成的。

这两项非电磁领域里的重大成果，充分证明了麦克斯韦已具备了一个卓越数学物理学家的造诣。对他来说，物理学是探讨的课题，数学则是得心应手的工具。

土星光环模型

1860 年，麦克斯韦携妻子调到伦敦皇家学院任教，又开始继续他的电磁学研究了。到伦敦后的一个晴朗的秋日，麦克斯韦特意去拜访了法拉第。这位实验大师年近七旬，两鬓斑白，比麦克斯韦年长 40 岁。但他们一见如故，亲切地交谈起来。两人的科学方法很不相同，法拉第专于实验探索，麦克斯韦擅长理论概括，但两位科学巨匠对物质世界的看法却产生了共鸣。在对电磁现象本质规律的探索中，两人在许多方面是互相补充的。

法拉第在 4 年前曾注意到《论法拉第力线》一文，一见面他没料到论文的作者如此年轻。当麦克斯韦征求他对论文的看法时，法拉第说："我不认为自己的学说一定是真理，但你是真正理解它的人。"

"先生能给我指出论文的缺点吗？"麦克斯韦谦虚地问道。

"这是一篇出色的文章，"法拉第沉吟道，"但你不应停留于用数学来解释我的观点，而应该突破它！"

法拉第的话，像一盏明灯，照亮了麦克斯韦前进的道路。后来爱因斯坦曾把法拉第和麦克斯韦称作一对，就像伽利略和牛顿一样。麦克斯韦自己也曾谈到："因为人的心灵各有其不同的典型，科学真理也就应该以种种不同的形式表现，不管他以具有生动的物理色彩的粗豪形式出现，还是朴素无华的一种符号表示出现，它都应当被当作是同样科学的。"字里行间流露出麦克斯韦对法拉第的尊敬。

麦克斯韦设计了一个理论模型，试图对法拉第的力线观念做进一步探讨。这个模型完全建立在机械结构的类比上，有人称为是“以太模型”。现在看来，这个模型是很成问题的，事实上麦克斯韦在晚期著作中，也舍弃了这一模型。使人惊异的是，麦克斯韦把这个模型作为跳板，成功地登上了真理的彼岸。

在讨论该模型时，麦克斯韦发现了一个重要事实，引起他极大的注意。为了分析介质的性质，他将电的静电单位和电磁单位相除，比值为一常数，具有速度量纲，恰好等于光速。这实际上意味着他已经得出了电磁波传播速度与光速是一样的结论。尽管当时他尚未完全意识到这一点，只是感到事情很重要，于1861年10月19日写信给法拉第，报告了这一重要的结果。

1862年，麦克斯韦在英国《哲学杂志》上发表了第二篇电磁论文《论物理的力线》。文章一刊登，立即引起了广泛的注意。这是一篇划时代的论文，它与1855年的《论法拉第力线》相比，有了质的飞跃。论文不再是法拉第观点单纯的数学翻译，而是有了重大的引申和发展。其中最重要的是引进了“位移电流”的概念。在这以前，包括法拉第在内，人们讨论电流产生磁场时，指的总是传导电流，即导体中自由电子运动所形成的电流。

麦克斯韦旋转线圈

麦克斯韦在研究中发现：在连接交变电源的电容器中，电介质内并不存在自由电荷，也就是没有传导电流，但磁场却同样存在。经过反复思考和分析，麦克斯韦毅然指出，这里的磁场是由另一种类型的电流形成的。这种电流存在于任何电场变化的电介质中，并和传导电流一起，形成闭合的总电流。麦克斯韦通过严密的数学推导，求出了这种电流的面密度的数学表达式，麦克斯韦把这种电流称之为“位移电流”。从理论上引出位移电流的概念，是麦克斯韦对电磁学的伟大创见，是继法拉第电磁感应之后在电磁学上的一项重大突破。根据这一科学假设，麦克斯韦导出了 2 个高度抽象的微分方程式。

1864 年，麦克斯韦向英国皇家学会宣读了关于电磁学的第三篇论文：《电磁场的动力理论》。第二年，这篇论文在《哲学杂志》上发表。在这篇论文中，麦克斯韦总结了前人的和他提自己的对电磁理论的研究成果，提出了“电磁场理论”。他指出：“我之所以把我提出的这个学说称为电磁场理论，是因为这关系到带电体和磁体周围的空间。另外，这个学说也可以称为电磁的动力理论，因为它假定在此空间中有物质在运动，由此会产生可观察到的电磁现象。”麦克斯韦在文章中提出了一套完整的方程组，他写出的是分量形式，而且物理量的名称相符号都和现代形式不一样。经后人的整理，麦克斯韦方程组的现代形式是：

$$\nabla \times \overline{H} = \overline{J} + \frac{\partial \overline{D}}{\partial t}$$

$$\nabla \times \overline{E} = \frac{\partial \overline{B}}{\partial t}$$

$$\nabla \times \overline{B} = 0$$

$$\nabla \times \overline{D} = \rho$$

$\overline{J}=\sigma\overline{E}$，$\overline{D}=\varepsilon\overline{E}$，$\overline{B}=\mu\overline{H}$式中$\overline{H}$，$\overline{B}$，$\overline{E}$，$\overline{D}$，$\overline{J}$，$\rho$，$\varepsilon$和$\mu$分别表示磁场强度、磁感应强度、电场强度、电位移矢量、电流密度、电荷密度、介电常数（电容率）和磁导率。

麦克斯韦方程组从两方面发展了法拉第的成就：①位移电流。它表明不仅变化的磁场产生电场，而且变化的电场也产生磁场。凡是有磁场变化之处，其周围不论是导体，还是电介质，都有感应电场存在。这种变化的电场和磁场构成统一的电磁场。②采用拉格朗日和哈密尔顿创立的数学方法。由该方程组直接导出了电场和磁场的波动方程，其波的传播速度为：

$$C = 1/\sqrt{\varepsilon\mu_0}$$

它正好等于光速，并与4年前他推算的那个电的静电单位与电磁单位的比值完全一致。因此，他大胆地断言，光也是一种电磁波。早先法拉第关于光的电磁论的朦胧猜想，由麦克斯韦把它变成了科学的严谨推断。

麦克斯韦在发表了《电磁场的动力理论》论文后不久，于同年(1865年)辞去了皇家学院的教席，在格伦奈耳系统地总结电磁学的研究成果。经过几年的甘苦，名为《电磁学通论》的专著于1873年问世了。这是一部电磁理论的经典著作。在这部鸿篇巨著里，麦克斯韦系统地总结了人类在19世纪中叶前后对电磁现象的研究成果。其中有库仑、安培、奥斯特、法拉第等人的开山之功，也有他本人创造性的努力，终于建立起完整的电磁理论。这部巨著的重大意义，足以与牛顿的《自然哲学数学原理》（力学）(1687年出版)、达尔文的《物种起源》(生物学)(1859年出版)相比。书准备出版时，麦克斯韦已回到剑桥大学任教，他的朋友和学生对此书期待已久。书一出版，人们争相购买，第一版在几天内就出售完了。

麦克斯韦《电磁学通论》

《电磁学通论》虽然一抢而空，但真正读懂它的人却寥寥无几。不久，开始有人批评它了，说此书太艰深、太难懂。高度抽象的麦克斯

韦微分方程，仅仅几个公式、几个数学符号，就包罗了电荷、电流、电磁、光等变化万千的一切电磁现象的规律，这在一般人看来，确是不可思议的事情。另外，自麦克斯韦宣布他的理论后，一直没有人发现电磁波。而能否证明电磁波存在，又是检验麦克斯韦理论的关键。在当时，许多物理学家对电磁波的存在是持怀疑态度的，连当年曾给麦克斯韦热情鼓励的汤姆生，也不敢肯定麦克斯韦的预言是否可靠。

麦克斯韦未能亲自从实验去证实电磁波的存在。正如他的一位学生后来所说的："他从理论上预言了电磁波存在，但似乎从未想到用任何实验去证明它。"由于环境和工作条件的限制，麦克斯韦一直没有更多机会从事电磁实验，他主要是一位理论物理学家，电磁学上的理论工作以及热力学和分子物理学的理论研究，耗去了他大部分时间和精力。和没有实验就没有法拉第的情形相反，对麦克斯韦来说，实验只能排在很次要的地位。他在伦敦寓所屋顶有一间狭长的阁楼，麦克所韦把它做实验室用。他妻子常帮忙生火炉，调节室温，当他的助手，条件相当简陋，只能做些简单的热力学实验。在皇家学院的实验室里，他所做过的电学实验，也限于测定电阻之类的简单操作。

《电磁学通论》完成后，麦克斯韦忙于筹建卡文迪许实验室，整理卡文迪许的遗著，这一繁重的工作，几乎完全占去了他一生最后几年的时间。

卡文迪许实验室是卡文迪许家族里的一位公爵捐赠修建的。为了增添仪器，麦克斯韦也拿出了自己不多的积蓄。在整个筹建过程中，从建筑设计、工程施工、仪器购置，直到大门上的题词，麦克斯韦都亲自过问。这座实验室在 1872 年动土，于 1874 年竣工。麦克斯韦是创建人，也是实验室主任，继任的主任也都是世界第一流的物理学家。卡文迪许实验室开花结果是在 20 世纪。大批优秀的科学人才从这里培养出来，尤其是在原子物理学方面。

麦克斯韦在生命的最后几年的主要工作，是整理 18 世纪科学家卡文迪许留下的大量资料。前面已提到，卡文迪许是位喜欢离群索居、终身未娶、一心搞科学研究而又不去发表研究成果的"怪人"。整理他留下的 20 多捆科学手稿，是一种非常细微而又困难的工作，麦克斯韦为此作出了很大的牺牲，他放弃了自己的研究工作，耗尽精力，才完成了任务。除了卡文迪许实验室的日常事务，麦克斯韦每一学期还主讲一门课程，内容为电磁学或热力学。他在讲台上热心宣传电磁理论；推广新学说，但听众却不多。他本来就不太擅长讲演，何况电磁理论又如此高深，不为一班人所理解，加上他妻子久病不愈，工作又十分繁重。过分的劳累和焦虑终于影响了他的健康。1879 年，麦克斯韦的健康状况明显恶化，患的和 40 年前他母亲一样的肺结核病。但他仍然坚持工作，不懈地宣传电磁理论。他的讲座这时仅有 2 名听众，其中一位就是后来发明了电子管的弗莱明。这真是一幕令人感叹的情景！空旷的阶梯教室里，只在头排坐着 2 个学生，麦克斯韦夹着讲义，照样步履坚定地走上讲台。他面庞消瘦，目光闪烁，表情严肃而庄重。仿佛他不是在向两名学生，而是向全世界继续解释自己的理论。

1879 年 11 月 5 日，麦克斯韦病重去世，终年仅 48 岁。他的功绩，生前未得到重视，他在英国的荣誉，远不及法拉第。他的思想太不平常了，那时第一流的物理学家要理解它，也要花上好几年的气力。只是在他死后许多年，当赫兹证明了电磁波存在后，人们才逐渐意识到，并公认他是“自牛顿以后世界上最伟大的数学物理学家”。

认识电

电力的起源及初步应用

公元1799年，意大利物理学家伏打发明了原始的伏打电池，人们开始利用电进行电镀。1836年，英国伦敦皇家学院的约翰·丹尼尔发明了比伏打电池性能更可靠、能提供恒稳电流的电池。次年，约翰·丹尼尔的同事查理·惠斯通利用这种电池，并用斯特金在1825年发明的电磁铁作为记录器，制成了可供实用的电报机。1876年，美国的贝尔和爱迪生发明了电话。

法拉第原始直流发电机

1840～1865年间，人们根据迈克尔·法拉第发现的发电机的基本原理，制造了好几种电磁发电机。这类机器的原理是：用一个绝缘导线绕成的线圈，在一个永久磁铁的磁场中旋转，从而产生电流。由于永久磁铁提供的磁场很弱，这种电磁发电机的效率很低。1866年，德国的西门子改用强有力的电磁铁代替永久磁铁（电磁铁所需的能量由机器本身产生的部分电力提供），从而大大提高了发电机的效率。从此以后，人们的生活和电日益密切。

什么是电

电是能的一种形式，包括负电和正电2类，它们分别由电子和质子组成，也可能由电子和正电子组成，通常以静电单位（如静电库仑）或电磁单位（如库仑）度量，从摩擦生电物体的吸引和排斥上可以观察到它的存在，在一定自然现象中（如闪电或北极光）也能观察到它，通常以电流的形式得到利用。

电是一种自然现象。电是像电子和质子这样的亚原子粒子之间的产生排斥和吸引力的一种属性。它是自然界4种基本相互作用之一。电或电荷有2种：我们把一种叫做正电，另一种叫负电。通过实验我们发现带电物体同性相斥、异性相吸，吸引或排斥力遵从库仑定律。

国际上规定：丝绸摩擦过的玻璃棒带正电荷；毛皮摩擦过的橡胶棒带负电荷。

电不能制造，只能转化。要说电不能制造，小朋友们会觉得奇怪，老师在讲常识课时，不是用玻璃棒和头发互相摩擦就起电了吗？再说点亮电灯的电是哪里来的呢？

世界上的物体，比如水、树木甚至人体里都有电，但是电是无法制造的。以前有这么一个人，他想用人体与物体相撞的办法试一试电是怎么回

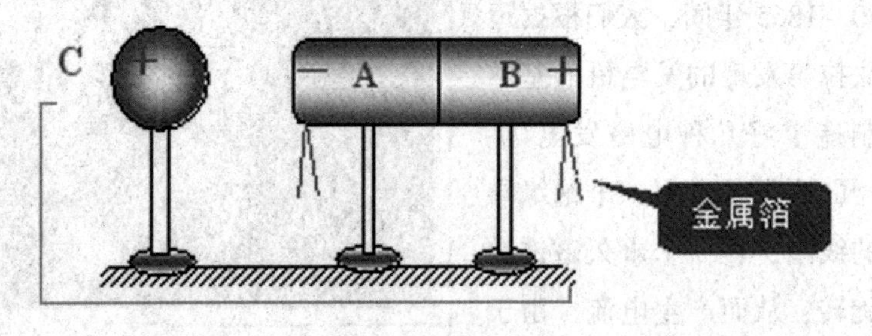

摩擦带电示意图

事，于是就用头去碰一根柱子，碰得眼里金星乱冒，他以为这就是电的现象，便使劲碰，最后碰休克了。这是一件很滑稽的事，实际上头碰得再厉害，也感受不到电。

我们所说的起电是使物体带电的过程，这里所说的“电”也叫“电荷”，“带电”和“带电荷”是一个意思，在习惯上把带电的微粒叫电荷。

电能跑多快？

有人说：“孙悟空一个筋斗就能翻出去十万八千里远。”我们还是用老办法——先算算账。

十万八千里等于5.4万千米，算它是6万千米吧。翻一个筋斗大约要1秒钟，那就是说，孙悟空1秒钟能“走”6万千米。这算得了什么？由高频电流产生的电波1秒钟能走30万千米，等于孙悟空的5倍。你信不信？

在输电线路中，电子做定向有序流动时，电子的迁移速度称为“电子漂移速度”。可以这样理解，好比有一根管子，里面装满黄豆后，在从一头塞进去一粒黄豆，另一头马上就出来一粒，这相当于电流传播速度；而你单独看管子里的某一粒豆时，他的移动速度是很小的。光的传播速度就是光子的移动速度，而电的传播速度是指电场的传播速度（也有人说是电信号的传播速度，其实是一样的），不是电子的移动速度。导线中的电子每秒能移动几米（宏观速度）就已经是很高的速度了。电场的传播速度非常快，在真空中，这个速度的大小接近于光速。“电”的传播过程大致是这样的：电路接通以前，金属导线中虽然各处都有自由电子，但导线内并无电场，整个导线处于静电平衡状态，自由电子只做无规则的热运动而没有定向运动，当然导线中也没有电流。当电路一接通，电场就会把场源变化的信息，以大约光速的速度传播出去，使电路各处的导线中迅速建立起电场，电场推动当地的自由电子做漂移运动，形成电流。那种认为开关接通后，自由电子从电源出发，以漂移速度定向运动，到达电灯之后，灯才能亮，完全是对电的这种本领的误解。

电荷并不是电

电荷是物质、原子或电子等所带的电的量。单位是库仑（记号为C），简称库。

我们常将“带电粒子”称为电荷，但电荷本身并非“粒子”，只是我们常将它想象成粒子以方便描述。因此带电量多者我们称之为具有较多电荷，而电量的多寡决定了力场（库仑力）的大小。此外，根据电场作用力的方向性，电荷可分为正电荷与负电荷，电子则带有负电荷。

根据库仑定律，带有同种电荷的物体之间会互相排斥，带有异种电荷的物体之间会互相吸引。排斥或吸引的力与电荷的乘积成正比。

自然界中的电荷只有2种，即正电荷和负电荷。由丝绸摩擦的玻璃棒所带的电荷叫做正电荷，由毛皮摩擦的橡胶棒所带的电荷叫负电荷。电荷的最基本的性质是：同种电荷相互排斥，异种电荷相互吸引。这是物质的固有属性之一。琥珀经摩擦后能够吸引轻小物体的现象是物体带电的最早发现。继而发现雷击、感应、加热、照射等等都能使物体带电。电分正、负，同号排斥，异号吸引，正负结合，彼此中和；电可以转移，此增彼减，而总量不变。

天地万物都经常带有电荷，这是构成物体的原子由于各种原因（如摩擦、受热、化学变化等）失去或获得电子的缘故。用现代科学方法可求得，太阳所带的总电荷量约为80库仑，电子所带的负电荷量 $e = 1.6021892 \times 10^{-19}$ 库仑（质子所带的电荷量也是这个数值，不同的是质子所带的是正电荷）。电子的电荷是人们迄今所认识到的最小的电荷，目前已发现的基本粒子的电荷也都是这个最小的电荷的整数倍。

但是，从20世纪60年代起，科学家们从理论上提出构成强子的基础粒子的电荷不一定是e的整数倍，而很可能是一个带有分数的电荷，即粒子所带的电荷比电子电荷e小。随后，实验物理学家也设法从多方面寻找。他们从加速器中找，从宇宙线中找，甚至从月球物质中去找……

美国斯坦福大学费尔班克小组，经过多年努力，于1979年1月宣称：在铌球上找到了2个分数电荷，其值分别为 (0.304 ± 0.040) e和 (0.345 ± 0.035) e。这个实验是用质量 9×10^{-5} 克的小铌球做的。他们把处于超导状态下的小铌球悬浮在由两块水平金属板构成的磁场之间，然后外加交变电场使铌球受迫振动，再测量振动幅度确定作用在铌球上的力，从而通过

费尔班克实验

计算得出铌球所带的电荷。显然，这个实验与美国的物理学家密立根的测量电子电荷的油滴实验是十分相似的。

费尔班克的实验结果，已为分数电荷的存在提供了进一步的证据。但是要确证分数电荷的存在却非易事：①至今还未发现处于自由状态的带分数电荷的粒子，②有些科学家对费尔班克的实验结果还持有异议。若今后分数电荷的存在最终被证实，则“最小的电荷”的头衔当然要让给分数电荷了。

电流、电压和电阻

初学电学的人，有 3 个最基本的概念必须一开始就弄清楚。这就是电压、电流强度和电阻。

我们在前面说过，电能够在导体中流动。为什么会流动？是因为导体的两头存在着电位差。俗话说：“水往低处流”。水之所以会流动，就是因为地面有高有低的缘故。同样，电之所以能在导体中流动，也是因为导体两头的电位有高有低的缘故。

在电学上，电位差又叫做电压。当电在导体中流动的时候，我们通过仪表能够把电压测量出来。电压的单位叫伏特（记号为 V）。测量电压的仪器叫做电压表。

电流和水流一样，它在流动的时候有一个数量大小的问题。人们常用在单位时间里通过导线某一个截面积的电量有多少来计算电流的强度。正像在水利工程中，常常根据在单位时间里有多少水通过一定的截面积来计算水的流量一样。在电学里，测量电流强度的单位叫安培（记号为 A）。测量电流的仪器叫做电流表。

电压表

另外我们还要了解电流的三大效应。

电流的热效应

当电流通过电阻时，电流作功而消耗电能，产生了热量，这种现象叫做电流的热效应。①利用电流的热效应可以为人类的生产和生活服务。如在白炽灯中，由于通电后钨丝温度升高达到白热的程度，于是一部分热可以转化为光，发出光亮。②电流的热效应也有一些不利因素。大电流通过导线而导线不够粗时，就会产生大量的热，破坏导线的绝缘性能，导致线路短路，引发电火灾。为了避免导线过热，有关部门对各种不同截面的导线规定了允许最大通过的电流（安全电流）。导线截面越大，允许通过的电流也越大。

电流的磁效应

电流的磁效应，即动电会产生磁。任何通有电流的导线，都可以在其周围产生磁场的现象，称为电流的磁效应。生活中对电流磁效应的应用有很多。电视机中有显像管需要电磁铁作为电子的聚焦，电磁炉将电能转化为高频磁场。电话使用磁场中的通电导线达到驱动发音膜发生，手机将电能转化为电磁信号进行发射和接收。节能灯的电子镇流器将灯管内的低压气体点燃。

电流的化学效应

主要是电流中的带电粒子（电子或离子）参与而使得物质发生了化学变化。我们都知道，化学变化中往往是这个物质得到了电子，那个物质失去了电子而产生了的变化。最典型的就是氧化还原反应。而电流的作用使得某些原来需要更加苛刻的条件才发生的反应发生了，并使某些反应过程可逆了（比如说电镀、电极化）。

电流表

在不同材料做成的导体里，电流的流动情况也不相同，有的导体对电流的阻力大，有的就比较小。电线里的金属线往往用铜而不是用铁来做，就是因为铜对电流的阻力比铁小得多。电学上把物体对电流的阻力叫做电阻。在室温下，铜的电阻只有铁的十几分之一。

那么，物体为什么会有电阻呢？原来，电子在金属中运动的时候，不但被那些因为失去了电子而带正电的原子核所吸引，还要同导体里许多杂乱运动着的电子发生碰撞。这些都给定向流动的电子造成阻力。阻力越大，电流的“力气”就消耗得越多。我们用电阻小的材料做导线，就是为了让电的“力气”不至于在路上无谓地消耗掉。

电阻的大小还决定于导线的长短和截面积的大小。导线长了，电阻就大；截面积越小，电阻也越大。电阻的单位是欧姆（记号为 Ω）。电阻会使电流强度减弱，这也不完全是坏事。有许多场合，人们正需要利用这个特性哩。

让我们举个例子吧！房间里装了空气自动调节器，室温就能经常保持在20℃左右，使人感到舒服。为什么空气自动调节器能够自动调节室温呢？这是一种叫做热敏电阻的功劳。热敏电阻对温度的变化有着极其灵敏的反应。要是温度升高或降低1℃，它的电阻就增加或减少5%左右。电阻增加，电子就不容易通过，电流就减弱；反过来，电流就增强。这种时弱时强的电流可以自动地减慢或加快空气调节器的工作，于是室内就能一直保持着使人感到舒适的温度。还有一种气敏电阻，它的特点是对空气中某种气体的增加或减少特别敏感。根据这个特点，人们把它制成了各种专门用途的电子鼻。例如检查煤气的电子鼻，只要周围空气里有一丁点儿煤气的成分，它就会向人们发出警告，防止煤气中毒。它甚至能够检查出埋在地下半米左右深处的煤气管道是不是漏气。依靠它，人们能够及时发现管道的漏洞，防止浪费，消除火灾和中毒事故。

上面，我们顺次讲了电压、电流强度和电阻这三个电学上的重要概念。现在还要请大家记住：它们三者之间的关系，可以用一个公式来表达：

电流强度=电压/电阻

这个公式是德国物理学家欧姆在1826年提出来的。他总结了前人的成果，为电学的发展做出了贡献。

电　容

汹涌的河水流入到湖泊中，再让它流出来，那就显得平静而柔和了。电容就应该是充当了湖泊的作用吧。让电流更纯净没有杂波。

所谓电容，就是容纳和释放电荷的电子元器件。电容的基本工作原理就是充电放电，当然还有整流、振荡以及其他的作用。另外电容的结构非常简单，主要由2块正、负电极和夹在中间的绝缘介质组成，所以电容类型主要是由电极和绝缘介质决定的。在计算机系统的主板、插卡、电源的电路中，应用了电解电容、纸介电容和瓷介电容等几类电容，并以电解电容为主。纸介电容是由两层正负锡箔电极和一层夹在锡箔中间的绝缘蜡纸组成，并拆叠成扁体长方形。额定电压一般在63～250V之间，容量较小，基本上是pF（皮法）数量级。现代纸介电容由于采用了硬塑外壳和树脂密封

纸介电容

包装，不易老化，又因为它们基本工作在低压区，且耐压值相对较高，所以损坏的可能性较小。万一遭到电损坏，一般症状为电容外表发热。

瓷介电容是在一块瓷片的两边涂上金属电极而成，普遍为扁圆形。其电容量较小，都在 pμF（皮微法）数量级。又因为绝缘介质是较厚瓷片，所以额定电压一般在 1～3kV 左右，很难会被电损坏，一般只会出现机械破损。在计算机系统中应用极少，每个电路板中分别只有 2～4 枚左右。

电解电容的结构与纸介电容相似；不同的是作为电极的两种金属箔不同（所以在电解电容上有正负极之分，且一般只标明负极），两电极金属箔与纸介质卷成圆柱形后，装在盛有电解液的圆形铝桶中封闭起来。因此，如若电容器漏电，就容易引起电解液发热，从而出现外壳鼓起或爆裂现象。电解电容都是圆柱形，体积大而容量大，在电容器上所标明的参数一般有电容量（单位：微法）、额定电压（单位：伏特），以及最高工作温度（单位：℃）。其中，耐压值一般在几伏特～几百伏特之间，容量一般

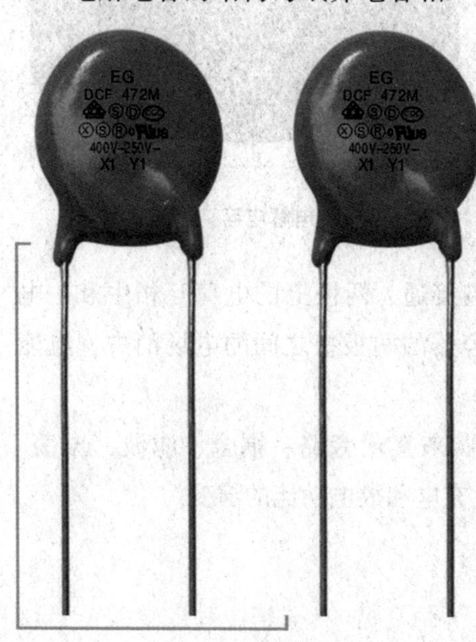

瓷介电容

在几微法～几千微法之间，最高工作温度一般为85℃～105℃。指明电解电容的最高工作温度，就是针对其电解液受热后易膨胀这一特点的。所以，电解电容出现外壳鼓起或爆裂，并非只有漏电才出现，工作环境温度过高同样也会出现。

电解电容

充电和放电是电容器的基本功能。使电容器带电（储存电荷和电能）的过程称为充电。这时电容器的两个极板总是一个极板带正电，另一个极板带等量的负电。把电容器的一个极板接电源（如电池组）的正极，另一个极板接电源的负极，两个极板就分别带上了等量的异种电荷。充电后电容器的两极板之间就有了电场，充电过程把从电源获得的电能储存在电容器中。

使充电后的电容器失去电荷（释放电荷和电能）的过程称为放电。例如，用一根导线把电容器的两极接通，两极上的电荷互相中和，电容器就会放出电荷和电能。放电后电容器的两极板之间的电场消失，电能转化为其他形式的能。

在一般的电子电路中，常用电容器来实现旁路、耦合、滤波、振荡、相移以及波形变换等，这些作用都是其充电和放电功能的演变。

电和电磁波

从这里开始，我们要介绍电学中另一个重要方面了。在神奇的电世界里，电磁波起着巨大的作用，它为人类做了数不清的好事。

我们在前面说过，导线里有电流通过的时候，它就能够产生电场和磁场。现在我们还要进一步告诉大家：电场和磁场是互相依存、互相交替的；变化的电场在其附近产生变化的磁场，这个变化的磁场又在其附近产生新的变化的电场，新的变化的电场再在其附近产生新的变化的磁场……这样没完没了地交变下去，就越来越往外扩散，越传越远了。这个情况就好像一块小石头在池塘中激起的水波一样。因为它是电场和磁场交替变化而成的，所以科学家给它起个名字叫电磁波。

电磁波是一种奇妙的物质，我们用眼睛看不见，用耳朵听不到，用手摸不着，但是它又像别的物质一样，具有能量、动量和质量，能为我们做许多许多事情。

电磁波的运动方式，就跟把石头扔进池塘所激起的水波一样，是一圈圈波浪起伏的同心圆，高处叫波峰，低处叫波谷。两个相邻的波峰（或波谷）之间的距离叫波长。

根据波长的不同，我们可以把电磁波作这样的分类；波长最长的我们把它叫做老大，无线电波当之无愧；接下去就是红外线——老二；再接下去是可见光——老三；紫外线是老四；X 射线是老五；γ 射线的波长最短，是小弟弟。

这六兄弟，除了老三可见光，都是人类肉眼看不见的。起先，它们在自然界里一个个都隐藏得很好，并且还偷偷地帮助人类干活，譬如帮助我们把潮湿的衣服弄干；让我们能够欣赏这五光十色的美丽的世界；使各种植物能够生长。人们有时也都觉得奇怪，并感到有谁在暗暗帮助他们，总

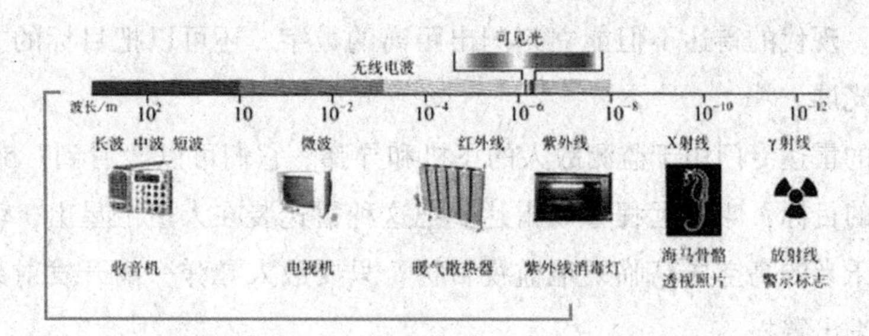

电磁波利用

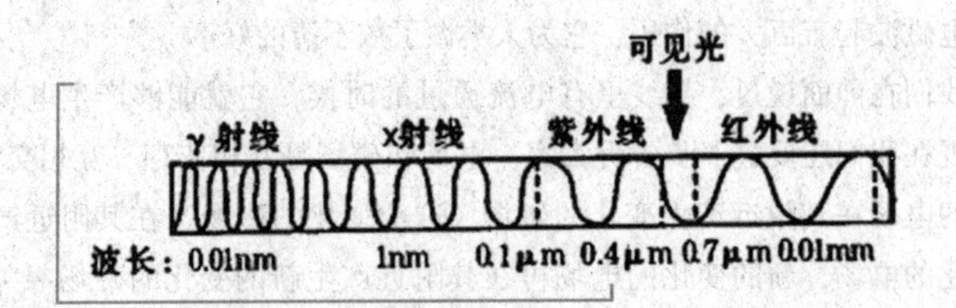

电磁波谱

想把它们找出来。随着电学和其他科学的发展，终于一个个找到了它们，熟悉了它们。它们也就成了人类的忠实的助手。

先说老大无线电波。它的波长是最长的，在100微米以上。1微米等于1米的一百万分之一。100微米就是0.1毫米。因此，凡是波长大于0.1毫米的电磁波，像毫米波、厘米波、分米波、米波……都属于无线电波。

无线电波又可以分成几种波：波长在1000米以上的叫长波；1000米以下到100米是中波；100米以下到10米是短波；10米以下到1米是超短波。在这些波段当中，超短波用来播送电视信号，其他波段用于无线电广播和无线电通信。超短波还可以用来给飞机导航。

波长比超短波更短的就是分米波、厘米波和毫米波了。科学家给这三种波取了一个共同的名字，叫做微波。在无线电波之中，微波波长最短，用途却最多。研究微波的理论和应用的科学，叫微波技术。

现代的千里眼——雷达，主要是依靠微波来进行工作的。雷达依靠发射微波来搜索目标，微波碰到目标以后被反射回来。电波在空间的传播速度是30万千米/秒，因此根据发射和接收到回波的时间差，就可以算出目标的距离。现代的雷达不但能立刻测出距离的数字，还可以把目标的方位显示在荧光屏。

有的雷达专门用于监测敌人的飞机和导弹。它们可以“看到”5000千米以外的目标，叫做远程警戒雷达。把这种雷达装在人造卫星上，就可以在数万千米的高空居高临下地监视目标。只要敌人导弹一离开发射架，它马上就发出警报。

雷达能够保证船舶在茫茫的雾海中安全夜航；能够指挥飞机在机场上

雷 达

安全起落；能够让人们及时发现雷雨和风暴的来临，预测天气。进行天文观测的射电望远镜实质上也是一种雷达。

微波不仅可以用在通信技术上，而且可以用在生产上和生活上。原来微波有一个独特的本领——它碰到不同的物质，能起不同的作用。例如碰到金属，它就被反射回来；碰到塑料，它就穿透过去；碰到含水和含脂肪的物体，就能深入到这些物体的内部，被物体吸收，引起物体内部结构的振动，产生热量，把物体内部的水分驱赶出去，这样，物体便很快地干燥了。

在通常情况下，物体的干燥过程是从表面开始的，然后一层层地深入到内部，需要的时间比较长。利用微波技术使物体干燥，所用时间要比使用普通方法少得多。因此，用微波来烘干谷物、茶叶、棉花、木材等等是再好不过的了。

不仅如此，微波还可以为我们迅速地煮熟食物。用微波炉灶煮红烧肉，4 分钟就熟了；用微波炉煮 1 ~ 1.5 千克重的鸡，10 多分钟就可以吃。微波炉还可以用来烤鸭。

除了上面讲的这些本领，微波还可以用来检查金属有没有裂纹。有些裂纹即便是细到 1 个毫米的 1/1000，也能检查出来。另外，用微波原理制成的仪器还可以用来精确地测定人的体温、脉搏、呼吸。最妙的是，测量的时候，仪器不用同人体直接接触。

关于电磁波家族里的老大——无线电波，就说到这里吧。现在该介绍老二——红外线了。

红外线的波长是 0.77 ~ 1000 微米（即 1 毫米）。它也可以划分为 3 种波段：

波长为 0.77 ~ 3.0 微米的叫近红外线；波长为 3.0 ~ 30 微米的是中红外线；波长为 30 ~ 1000 微米的叫远红外线。

任何物质的分子每时每刻都在运动。分子运动的时候就会辐射红外线，因此，任何物体，包括我们自己的身体在内，都不断地发射着这种看不见的射线。红外线很容易被物体所吸收，变成物体自己的能量。在阳光之中，几乎有一半是红外线，在阳光照射下我们感到暖和，就是因为我们的身体吸收了红外线。红外线的波长越短，它的穿透力就越弱，被吸收的效果就越好。波长最长的远红外线能够深入机体的内部，引起机体内的分子和原子的强烈共振从而使机体发热。

根据这个道理，人们制成了各种高效的烘干机。例如烘干谷物用的红外线烘干机，即便是湿透了的谷物，放到机器里，几分钟就完全被烘干了。我国有一些地区，在收割季节往往碰到阴雨连绵的天气，有了这种烘干机，受了潮的谷物就可以及时烘干，不至于发热腐烂了。

远红外线还可以用来治疗关节损伤、风湿病和慢性肾炎等等疾病。利用红外线，还可以勘探地下宝藏。把一种叫做红外遥感仪的仪器装在飞机或人造卫星上，可以迅速而清楚地发现矿藏。

红外线在军事上也有极大的用途。用红外线望远镜在夜间可以看见远方的敌人的坦克。用红外线摄影机能把黑暗中的敌坦克拍摄下来。甚至在坦克离开以后几个小时，用红外探测仪仍然可以探知它们曾经在这个地方停留过。如果我们把红外跟踪仪装在导弹头部，由于它对温度的敏感，它就会紧紧盯住敌机发出高温的部分——尾部的喷气口，紧追不舍，准确地击中敌机。利用红外探测仪，可以测出地壳运动所产生的热量，从而预报地震；还可以测出远在数百万千米以外星体的温度。它的灵敏度真是惊人！

电磁波家族中的老三——可见光，是我们大家最为熟悉的了。没有它，我们的眼睛就失去作用，谁也看不见这个绚丽多彩的世界。可是，你知道吗？你是怎样才能看得见这五颜六色的世界的呢？颜色的感觉又是怎么来的？

这好像是个怪问题，难道还有谁不认识颜色吗？人们从雨后彩虹中可以看到，太阳光是由红橙黄绿青蓝紫七种颜色的光合成的。你恐怕还不知道，这七种颜色的光都是电磁波，不过波长不同罢了。譬如，红光的波长是0.77～0.62微米，绿光的波长是0.57～0.49微米，黄光是0.59～0.57微米，波长最短的紫光则是0.45～0.39微米。因此，可见光是从0.39～0.77微米这一段波长的电磁波。我们之所以能够看见物体有各种颜色，是因为不同物体反射不同波长的光波。譬如，红色的花朵就反射0.77～0.62微米的光波，而绿色的叶子就反射0.57～0.49微米的光波。这样，我们就感觉到花是红的，叶子是绿的。世界上五彩缤纷的颜色就是这段波长的电

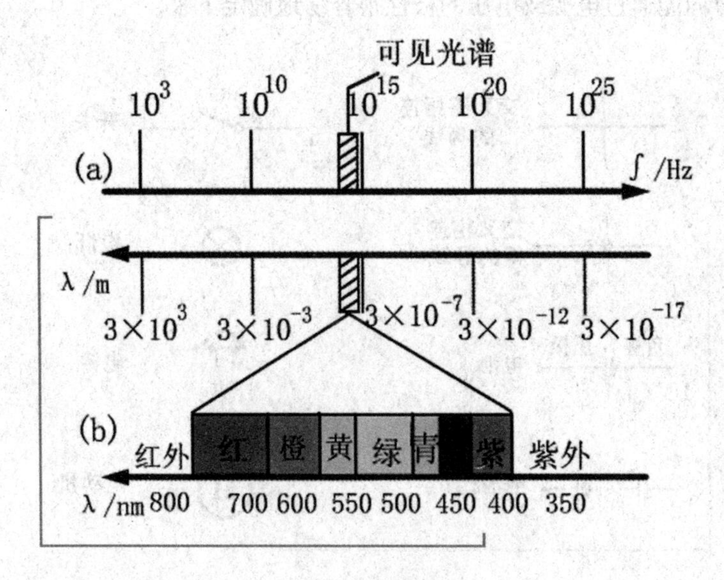

可见光图谱

磁波的杰作。

电　路

电流流过的回路叫做电路，又称电子回路。最简单的电路由电源负载和导线、开关等元件组成。电路处处连通叫做通路。只有通路，电路中才有电流通过。电路某一处断开叫做断路或者开路。电路某一部分的两端直接接通，使这部分的电压变成零，叫做短路。一个完整的回路必须要由电器、电源、导线这三项基本元素构成。

电路的作用是进行电能与其他形式的能量之间的相互转换。因此，用一些物理量来表示电路的状态及各部分之间能量转换的相互关系。在电路中电流是有方向的，我们必须先确定电流的方向。首先弄清楚一个概念——什么是电流的正方向？电流的真实方向和正方向是两个不同的概念，不能混淆。

习惯上总是把正电荷运动的方向，作为电流的方向，这就是电流的实际方向或真实方向，它是客观存在，不能任意选择。在简单电路中，电流的实际方向能通过电源或电压的极性很容易地确定下来。

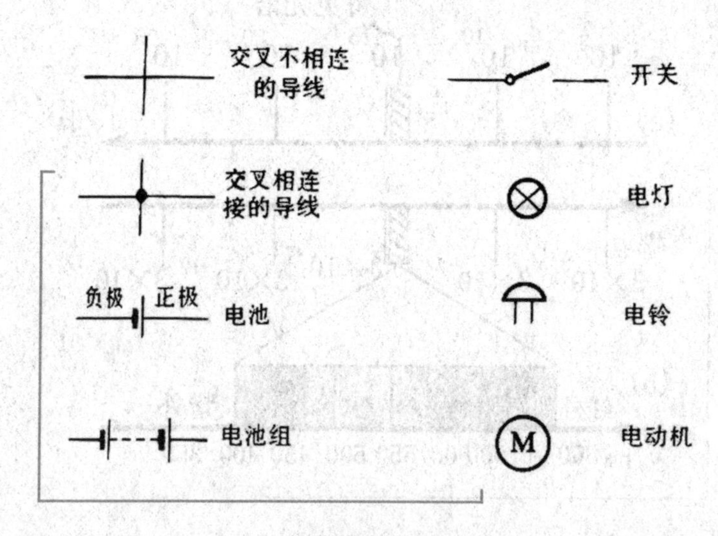

电路中的标识

但是，在复杂直流电路中，某一段电路里的电流真实方向很难预先确定，在交流电路中，电流的大小和方向都是随时间变化的。这时，为了分析和计算电路的需要，引入了电流参考方向的概念，参考方向又叫假定正方向，简称正方向。

所谓正方向，就是在一段电路里，在电流两种可能的真实方向中，任意选择一个作为参考方向（即假定正方向）。当实际的电流方向与假定的正方向相同时，电流是正值；当实际的电流方向与假定正方向相反时，电流就是负值。

换一个角度看，对于同一电路，可以因选取的正方向不同而有不同的表示，它可能是正值或者是负值。要特别指出的是，电路中电流的正方向一经确定，在整个分析与计算的过程中必须以此为准，不允许再更改。在电路中：如果指定流过元件的电流参考方向是从标以电压的正极性的一端指向负极性的一端，即两者的参考方向一致，则把电流和电压的这种参考方向称为关联参考方向。当两者不一致是，称为非关联参考方向。

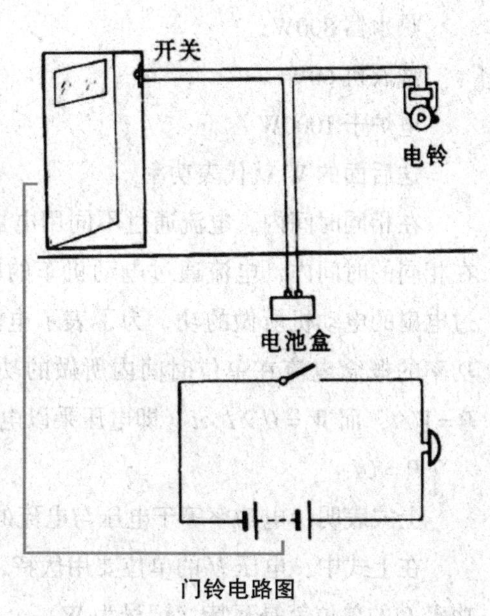

门铃电路图

电路有 3 种联通状态：①开路。也叫断路。因为电路中某一处因中断，没有导体连接，电流无法通过，导致电路中电流消失，一般对电路无损害。②短路。电源未经过任何负载而直接由导线接通成闭合回路，易造成电路损坏、电源瞬间损坏，如温度过高烧坏导线、电源等。③通路。处处连通的电路。电路只有通路的时候电器才能正常工作。

电功率

我们看看自己家的家用电器。上面一般都标有这样的标识：

电视 200W

电灯 60W，35W，11W（节能）

电冰箱 100W

电暖器 1200W

热水器 800W

洗衣机 60W

电炉子 1000W

这后面的 W 就代表功率。

在相同时间内，电流通过不同用电器所做的功，一般并不相同。例如，在相同的时间内，电流通过电动机车的电动机所做的功，要显著地大于通过电扇的电动机所做的功。为了表示电流做功的快慢，物理学中引入了电功率的概念电流在单位时间内所做的功叫做电功率。电功率用 P 来表示，$P=W/t$，而 $W=U\times I\times t$（即电压乘以电流乘以时间），所以

$P=UI$

上式表明，电功率等于电压与电流的乘积

在上式中，电压 U 的单位要用伏特，电流 I 的单位要用安培，这样，电功率 P 的单位就是瓦特（记号为 W）。

电功率的单位还有千瓦，符号是 kW

1kW = 1000W

把公式 $P=W/T$ 变形后可得 $W=Pt$，由此可以定义"千瓦时"，电流在 1h 内所做的功，就是 1kW · h

$1\text{kW}\cdot\text{h}=1000\text{W}\times3600\text{s}=3.6\times10^{6}\text{J}$。我们平时家里用的电表就是测量电功的仪器。

1 千瓦时也就是我们平时说的 1 度。你可别小看了这一度电，1 度电可以使：

电炉炼钢 1.6 千克

采掘原煤 105 千克

电车行驶 0.85 千米

灌溉农田 330 平方米

洗衣机工作 2.7 小时

电脑工作 5 小时

所以我们要节约每一度电。

电功表

明白了电功率的计算方法，我们就可以算出我们家每个月的用电量。朋友们不妨用我们学到的方法算一算。一盏电灯连在电压是 220 伏的电路中，灯泡中通过的电流是 68 毫安，这个灯泡的电功率是多少瓦？一个月总共通电 100 个小时，电流所做的功是多少焦尔？多少千瓦时？

用电器实际消耗的功率随着加在它两端的电压而改变，既然如此，我们就不能泛泛地说一个用电器的功率是多大，而要指明电压。用电器正常工作时的电压叫做额定电压，用电器在额定电压下的功率叫做额定功率。我们使用各种用电器一定要注意它的额定电压，只有在额定电压下用电器才能正常工作。实际电压偏低，用电器消耗的功率低，不能正常工作；实际电压偏高，长期使用会影响电器的寿命，还可能烧坏用电器。

电家族中的两兄弟——直流电和交流电

直流电是电流的方向不随时间的变化而改变，但电流大小可能不固定，而产生波形。又称恒定电流。所通过的电路称直流电路。

测量直流电路中电流、电压、电阻、电源电动势等物理量的仪表称为直流仪表。常用的有电流计、安培计、伏特计、电桥、电势差计等。

直流电源有化学电池、燃料电池、温差电池、太阳能电池、直流发电机等。直流电主要应用于各种电子仪器、电解、电镀、直流电力拖动等方面。利用直流电，还可以进行水的电解实验。将负极插入水中，可以使水电解为氢气，正极则使水电解为氧气。

在电力传输上，19世纪80年代以后，由于不便于将直流电低电压升至高电压进行远距离传输，直流输电曾让位于交流输电。20世纪60年代以来，由于采用高电压、大功率变流器将直流电变为交流电，直流输电系统又重新受到重视并获得新的发展。

交流电也称“交变电流”，简称“交流”，一般指大小和方向随时间作周期性变化的电压或电流。它的最基本的形式是正弦电流。我国交流电供电的标准频率规定为50赫兹，日本等国家为60赫兹。交流电随时间变化的形式可以是多种多样的。不同变化形式的交流电，其应用范围和产生的效果也是不同的。现在使用的交流电，一般是方向和强度每秒改变50次。

我们常见的电灯、电动机等用的电都是交流电。在实用中，交流电用符号“～”表示。

说了这么多我们还没能明白直流电和交流电到底有什么区别？下面我们就结合实际生活应用中来比较一下这俩兄弟：

排起辈分来，直流电还是交流电的老大哥，因为人类最早得到的是直流电，后来，改进了发电机才得到了交流电。

从用途上说，直流电、交流电各有优点，有些场合适宜用交流电，有些场合非用直流电不可。

把交流电变成机械能的机器，叫做交流电动机。这种机器结构简单，容易制造，也比较耐用，转速也很稳定，因此用途极广。工厂里许多机床都是用交流电动机来带动的，农村里常用的脱粒机、碾米机、抽水机等等都要用到交流电动机。交流电的发电成本，也比直流电便宜，因此，人们照明、取暖一般也都用交流电。

对于直流电，我们比较生疏，但是它的用处也很大。直流电流动的方向不变，因此，用它来发动的直流电动机，转速可以任意调节。这是一个很重要、很有用的优点。

例如电车，就必须用直流电来开动。电车在爬坡的时候，要用很大的力气，这时候直流电机的转速就会减慢，力气就加大，好把电车送上坡。而在下坡的时候，直流电机就会加快转速，减小力气。

要是用交流电来开电车，这种电车就不适宜乘坐。因为交流电动机的转速是固定的，一通电，马上就全速转动，没有由慢到快的过程；一断电，马上就停止转动，没有由快到慢的过程。坐在这种电车里的乘客，在车子一开一停的时候，互相撞来撞去，非摔得鼻青脸肿不可。所以，电车无论如何不能采用交流电动机。

不光是电车，矿山里的卷扬机和升降机、高层建筑里的电梯、货轮上的电动吊车等等，大都得用直流电。

另外，电话也必须用直流电，如果用交流电，我们就没法通话，因为交流电会发出嗡嗡的杂音，无法让我们听清对方的声音。

无线电通信中的收发报机、扩音机、收音机、雷达等等都必须用直流电；电子计算机也必须使用直流电。因为这些设备都要求电子按照人们所规定的方向、用一定的能量去工作。因此，现代电子技术都需要用直流电作为工作电源。从这个意义上来说，直流电的用途绝不比交流电小。它有着自己的广阔天地。

那么直流电从哪里来？可以用直流发电机来产生。不过直流发电机的结构很复杂，而且很容易损坏，也不能得到比较高的电压，所以人们一般不用这个办法来得到直流电，而是用各种各样的整流器，把交流电变为直流电。这是简便而又便宜的方法。

袖珍发电机——电池

电池指盛有电解质溶液和金属电极以产生电流的杯、槽或其他容器或复合容器的部分空间。随着科技的进步，电池泛指能产生电能的小型装置，如太阳能电池。

电池的能量储存有限，电池所能输出的总电荷量叫做它的容量，通常用安培小时作单位，它也是电池的一个性能参数。电池的容量与电极物质的数量有关，即与电极的体积有关。

电 池

下面我们来详细说2种电池的工作原理。

(1) 原子电池。①核电池，它是将原子核放射能直接转变为电能的装置。有的原子电池是利用放射性同位素放出的射线产生热量，根据温差电现象通过热电偶将其转化为电能；也有的是利用射线作用于某些物质能发光的原理，先将辐射转变为荧光，再使荧光作用于硅光电池产生电能。这种原子电池的结构，和太阳能电池基本相同，是比较常用的原子电池。②原子电池是由辐射β射线（高速电子流）的放射源，收集这些电子的集电器，以及电子放射源与集电器之间的绝缘体3部分组成。放射源一端因失去电子成为正极，集电器一端得到电子成为负极，于是在两电极间形成电势差。这种原子电池可产生较高的电压，但电流较小。常用作原子电池中的放射性物质有钚-238、钷-147、锶-90等。这种电池的突出特点是寿命长、重量轻、不受外界环境影响、运行可靠。主要用于人造卫星、宇宙飞船、海上的航标与游动气象浮标，以及无人灯塔之中。现在也把原子电池作为人工心脏起搏器的电源，在医疗方面得到了应用。

(2) 锂离子电池，俗称“锂电”，是目前综合性能最好的电池体系。锂离子电池负极是碳素材料，如石墨。正极是含锂的过渡金属氧化物，如 $LiMn_2O_4$。电解质是含锂盐的有机溶液。通常锂离子电池并不含金属锂。充电时，在电场的驱动下锂离子从正极晶格中脱出，经过电解质，嵌入到负极晶格中。放电时，过程正好相反，锂离子返回正极，电子则通过了用电器，由外电路到达正极与锂离子复合。

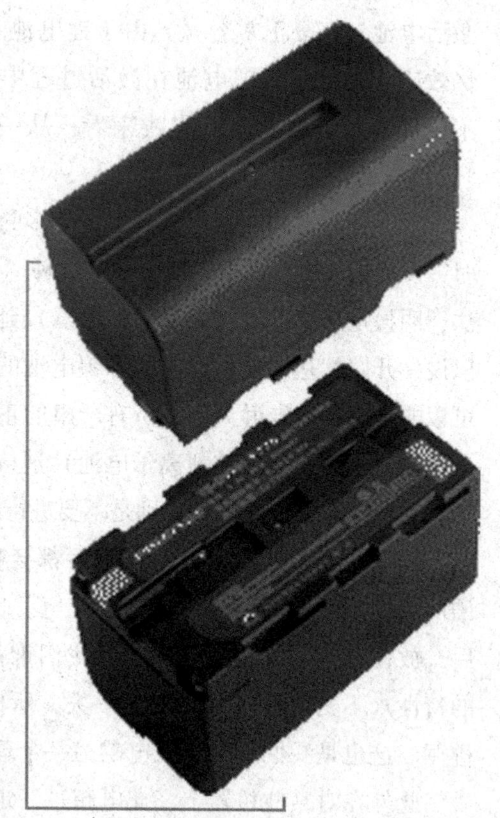

锂电池

由于锂离子电池不含任何贵重金属，原材料都很便宜，降价空间很大，应该是最便宜的电池。目前媒体经常报道聚合物锂电池或固态锂电池，实际上它的主要部件：正极、负极和电解质以及工作原理都和使用液体电解质的锂离子电池一样，只是隔膜和包装材料不同，因此，仍属于锂离子电池。与传统的二次电池相比，锂离子电池有突出的优点：工作电压高锂离子电池的工作电压在3.6伏，是镍镉和镍氢电池工作电压的3倍。在许多小型电子产品上，一节电池即可满足使用要求。这也是与其他二次电池的重大区别，因此只能用锂离子电池专用充电器来充电，以免发生事故。比能量高锂离子电池比能量目前已达140瓦时/千克，是镍镉电池的3倍、镍氢电池的1.5倍。循环寿命长。目前锂离子电池循环寿命已达1000次以上，在低放电深度下可达几万次，超过了其他几种二次电池。自放电小锂离子电池月自放电率仅为6%～8%，远低于镍镉电池（25%～30%）及镍氢电池（30%～40%）。无记忆效应。可以根据要求能够随时充电，而不会降低电池性能。对环境无污染。锂离子电池中不存在有害物质，是名副其实的“绿色电池”。现在锂电池的使用越来越多，电池放置一段时间后则进入休眠状态，此时容量低于正常值，使用时间亦随之缩短。但锂电池很容易激活，只要经过3～5次正常的充放电循环就可激活电池，恢复正常容量。由于锂电池本身的特性，决定了它几乎没有记忆效应。因此用新锂电池在激活过程中，是不需要特别的方法和设备的。不仅理论上是如此，从实践来看，从一开始就采用标准方法充电，这种“自然激活”方式是最好的。

对于锂电池的“激活”问题，众多的说法是：充电时间一定要超过 12 小时，反复做 3 次，以便激活电池。这种“前三次充电要充 12 小时以上”的说法，明显是从镍电池（如镍镉和镍氢）延续下来的说法。所以这种说法，可以说一开始就是误传。锂电池和镍电池的充放电特性有非常大的区别，而且可以非常明确地告诉大家，所有严肃的正式技术资料都强调过充和过放电会对锂电池（特别是液体锂离子电池）造成巨大的伤害。因而充电最好按照标准时间和标准方法充电，特别是不要进行超过 12 个小时的超长充电。

锂电池或充电器在电池充满后都会自动停充，并不存在镍电充电器所谓的持续 10 几小时的“涓流”充电。也就是说，如果你的锂电池在充满后，放在充电器上也是白充。而我们谁都无法保证电池的充放电保护电路的特性永不变化和质量的万无一失，所以你的电池将长期处在危险的边缘徘徊。这也是我们反对长充电的另一个理由。

此外在对某些机器上，充电超过一定的时间后，如果不去取下充电器，这时系统不仅不停止充电，还将开始放电—充电循环。也许这种做法的厂商自有其目的，但显然对电池的寿命而言是不利的。同时，长充电需要很长的时间，往往需要在夜间进行，而以我国电网的情况看，许多地方夜间的电压都比较高，而且波动较大。前面已经说过，锂电池是很娇贵的，它比镍电在充放电方面耐波动的能力差得多，于是这又带来附加的危险。

不可忽视的另外一个方面就是锂电池同样也不适合过放电，过放电对锂电池同样也很不利。

在手机中，无论是从技术角度评估还是从价格方面的考虑，电池都占有十分重要的地位。时值今日，市场上正在销售的手机中，所使用的电池已经基本完成了从镍电池到锂电池的过渡。也许是由于手机电池刚刚完成了一次镍电池到锂电池的革命，所以人们对锂电池的认识并不统一，在许多情况下不正确的说法和做法颇为流行。

无处不在的电现象

雷电现象

雷电全年都会发生，而强雷电多发生于春夏之交和夏季。

雷电是由带电的云层对地面建筑物及大地的自然放电引起的，它会对建筑物或设备产生严重破坏。因此，对雷电的形成过程及其放电条件应有

夏天的雷电

所了解，从而采取适当的措施，保护建筑物不受雷击。

在天气闷热潮湿的时候，地面上的水受热变为蒸汽，并且随地面的受热空气而上升，在空中与冷空气相遇，使上升的水蒸汽凝结成小水滴，形成积云。云中水滴受强烈气流吹袭，分裂为一些小水滴和大水滴，较大的水滴带正电荷，小水滴带负电荷。细微的水滴随风聚集形成了带负电的雷云；带正电的较大水滴常常向地面降落而形成雨，或悬浮在空中。由于静电感应，带负电的雷云，在大地表面感应有正电荷。这样雷云与大地间形成了一个大的电容器。当电场强度很大，超过大气的击穿强度时，即发生了雷云与大地间的放电，就是一般所说的雷击。雷电是大气中的一种放电现象。雷雨云在形成过程中，一部分积聚起正电荷，另一部分积聚起负电荷，当这些电荷积聚到一定程度时，就产生放电现象。放电有的发生在云层与云层之间，有的则发生在云层与大地之间，这两种放电现象俗称打雷。打雷造成危害又叫雷击。雷击分为直接雷击与间接雷击。它会破坏建筑物、电气设备，伤害人、畜。打雷放电时间极短，但电流异常强大。放电时产生的强光，就是闪电。闪电时释放出的大量热能，能使局部空气温度瞬间

雷　电

升高 1 万 ~2 万℃。如此巨大的能量，具有极大的破坏力，可造成电线杆、房屋等被劈裂倒塌以及人、畜伤亡，还会引起火灾及易爆物品的爆炸。由于光速要远大于声音传播的速度，所以我们先看到闪电过一会才会传来轰隆隆的雷声。

肉眼看到的一次闪电，其过程是很复杂的。当雷雨云移到某处时，云的中下部是强大负电荷中心，云底相对的下垫面变成正电荷中心，在云底与地面间形成强大电场。在电荷越积越多，电场越来越强的情况下，云底首先出现大气被强烈电离的一段气柱，称“梯级先导”。这种电离气柱逐级向地面延伸，每级梯级先导是直径约 5 米、长 50 米、电流约 100 安培的暗淡光柱，它以平均约 150 千米/秒的高速度一级一级地伸向地面，在离地面 5 ~50 米左右时，地面便突然向上回击，回击的通道是从地面到云底，沿着上述梯级先导开辟出的电离通道。回击以 5 万千米/秒的更高速度从地面驰向云底，发出光亮无比的光柱，历时 40 微秒，通过电流超过 1 万安培，这即第一次闪击。相隔几秒之后，从云中一根暗淡光柱携带巨大电流，沿第一次闪击的路径飞驰向地面，称直窜先导，当它离地面 5 ~50 米左右时，地面再向上回击，再形成光亮无比光柱，这即第二次闪击。接着又类似第二次那样产生第三四次闪击。通常由 3 ~4 次闪击构成一次闪电过程。一次闪

雷的高能量

电过程历时约0.25秒，在此短时间内，窄狭的闪电通道上要释放巨大的电能，因而形成强烈的爆炸，产生冲击波，然后形成声波向四周传开，这就是雷声或说“打雷”。

雷电一般产生于对流发展旺盛的积雨云中，常伴有强烈的阵风和暴雨，有时还伴有冰雹和龙卷。积雨云顶部一般较高，可达20千米，云的上部常有冰晶。冰晶的凇附、水滴的破碎以及空气对流等过程，使云中产生电荷。一般情况，云的上部以正电荷为主，下部以负电荷为主，云的上、下部之间形成一个电位差，当电位差达到一定程度后就会产生放电，这就是我们常见的闪电现象。闪电的平均电流是3万安培，最大电流可达30万安培。闪电的电压很高，约为1亿～10亿伏特。一个中等强度雷暴的功率可达1000万瓦，相当于一座小型核电站的输出功率。放电过程中，由于闪道中温度骤增，使空气体积急剧膨胀，从而产生冲击波，导致强烈的雷鸣。

地球是个大电容

前面我们讲了什么是电容，其实我们生活中电容随处可见。别的不说，我们生活的地球就是个巨大的电容。它也在时刻不同的聚集和释放着海量的电荷。我们先来认识一下地球的核心——地核。

地球的地核是什么状态的？许多地球物理学家对地核的状态无法确定。有的认为是高温液态地核，有的认为是固态地核。不过根据地震波的传播情况，丹麦的莱曼博士认为地核是固态的，著名的德国地球物理学家古登堡也认同这个观点。1960年智利发生大地震时，地震波的传播确实显示：地核应该不是液态的，是固态的。但是到底是什么样的固态呢？很少有人深入探

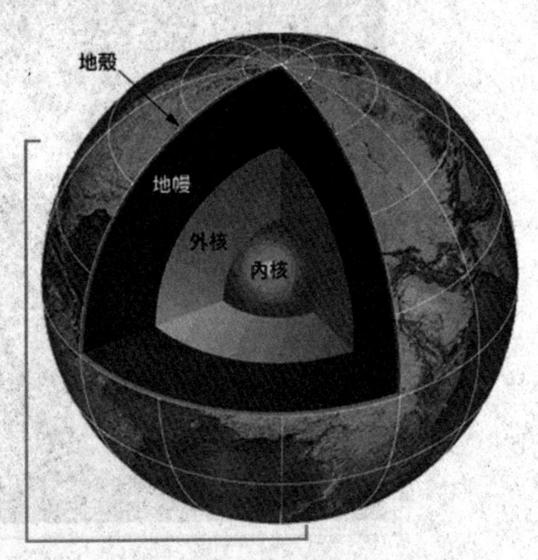

地球的结构

讨这个问题。

据科学推算，地心的压力为360万个大气压，地核的温度可达到6000K，与太阳表面温度相当。在这种巨大的高温和高压下，“固态地核”绝对不可能是我们常温状态下的固态物质，更不会是一般认为的铁质地核。

了解电子管的人都知道，一般的金属材料达到1200～3000K的温度时就会有大量的电子逸出。事实上，受热溢出电子并不是金属独有的特征。几乎所有物质的原子在吸收能量（高温下）后都会发生电子的跃迁，电子由低轨道进入高轨道，当能量足够大时，电子的运动就会挣脱原子核束缚而逃逸掉。

核聚变反应的原理也是这样：原子在巨大的高温高压下，大部分核外电子会逃逸掉，最后剩下裸露的原子核。这样，两个热核才会有机会聚合在一起发生威力极大的聚变反应。这种原子的核外电子在高温高压中逃逸的现象，被称为“热压电效应”。

因此可以推测，高温高压下的地核应该是一个由大量的正离子挤压在一起形成的“正电核”，具有惊人的密度。这些正离子依靠彼此间的斥力，

地球电场

抗衡着外界的巨大压力。

那么，那些电子跑到哪里去了呢？地核中的大量电子会向外层逃逸，但大多数不会逃得太远，因为它们仍然受到地核总体的正电场引力、地幔物质的电阻作用和磁场力，所以大多数电子分布在地幔层与地壳之间，形成了一个球形的负电层，根据对地球内部的探测，地幔层确实带负电。因此可以说地球是个异常巨大的电容器！正极在球心，负极在球壳处。

不过还是有少量的电子会克服重重阻力而游离到地表以上，在大气层中的各个层面上（云层、臭氧层、电离层）逗留，最终向太空中逸散。环境保护部门早就发现，自然界的空气中总是存在着一定数量的负离子，有关专家认为空气中负离子的标准值是：每立方厘米应该含有5000个以上。如果哪个地区低于这个值，环保部门就会认为此地区的空气不够清新。

至此，我们更容易理解，为什么地球表面经常有雷电、极光、地磁、地震等电磁现象，这些其实都是地球电场的表现，由于电子向大气中游离，大气和地表之间本来就存在电场，地幔层电子的自转也会产生较大的地磁。

许多天文学家发现，在木星等其他行星上也有像地球一样的“高空闪电”和极光，特别是有人发现了在天王星上也有极光现象，这是普通极光

地球极光

理论无法解释的。那么其他星球是否也像地球一样，是个巨大的电容器呢？

神奇的生物电

世界上的一切物质都是原子构成的。每种原子里都存在一定数量的电荷。生物体也是物质，所以每一种生物都是一个带电体。从自然界的花花草草到我们的身体本身。下面我们就来看几种个神奇的生物电吧。

电鱼的放电部位、电压和地理分布

种　名	放电部位	电压（伏）	分布
匙鳐	尾肌	4	温带海域
双鳍电鳐	鳃肌	37	热带与亚热带海域
显赫电鳐	鳃肌	220	热带与亚热带海域
电瞻星鱼	眼肌	50	北美南部沿岸浅海
电鳗	尾肌	866	南美亚马孙河

鱼还会放电，够稀奇吧！下面我们就去看看这种生活在南美亚马孙河流域的会放电的鱼。电鳗是生活在南美亚马孙河的一种鳗类。它在鱼里面算是高大威猛的了。全身大概有 2 米多，体重有 20 千克呢。它行动迟缓，栖息于缓流的淡水水体中，并不时上浮水面，吞入空气，进行呼吸。体长，圆柱形，无鳞，灰褐色。背鳍、尾鳍退化，但占体全长近 4/5 的尾，其下缘有一长形臀鳍，依靠臀鳍的波动而游动。尾部具发电器，来源于肌肉组织，并受脊神经支配。能随意发出电压高达 650 伏的电流，所发电流主要用以麻痹鱼类等猎物。

电鳗是鱼类中放电能力最强的淡水鱼类，输出的电压 300 ~ 800 伏，因此电鳗有水中的“高压线”之称。电鳗的发电器的基本构造与电鳐相类似，也是由许多电板组成的。它的发电器分布在身体两侧的肌肉内，身

电　鳗

体的尾端为正极，头部为负极，电流是从尾部流向头部。当电鳗的头和尾触及敌体，或受到刺激影响时即可发生强大的电流。电鳗的放电主要是出于生存的需要。因为电鳗要捕获其他鱼类和水生生物，放电就是获取猎物的一种手段。它所释放的电量，能够轻而易举地把比它小的动物击死，有时还会击毙比它大的动物，如正在河里涉水的马和游泳的牛也会被电鳗击昏。

那么电鳗是如何判断周围存在威胁并释放电流还击的呢？电鳗尾部发出的电流，流向头部的感受器，因此在它身体周围形成一个弱电场。电鳗中枢神经系统中有专门的细胞来监视电感受器的活动，并能根据监视分析的结果指挥电鳗的行为，决定采取捕食行为或避让行为或其他行为。有人做过这么一个实验：在水池中放置两根垂直的导线，放入电鳗，并将水池放在黑暗的环境里，结果发现电鳗总在导线中间穿梭，一点儿也不会碰导线；当导线通电后，电鳗一下子就往后跑了。这说明电鳗是靠“电感”来判断周围环境的。

但是我们还有一个疑问：电鳗释放如此强大的电流，怎么它自己能幸免于难不被电到呢？原来啊，电鳗体内有许多所谓的生物电池串联及并联在一起，所以虽然电鳗的头尾电位差可以高达750伏，但是因为生物电池的并联（一共约140行）把电流分散掉，所以实际上，通过每个行的电流跟它电鱼时所放出的电流差了两个命令，相对之下小得多，所以它才不会在电鱼时，把自己也给电死。

还有一种和电鳗极其相似的鱼类叫电鳐。电鳐是一种软骨鱼类，体形圆形或椭圆形，口和眼睛都很小，生活在热带和亚热带近海，我国的东海和南海就有分布。它常将身体半埋于泥沙中，或在海底匍匐前进。

在电鳐的头部和胸鳍之间有一个椭圆形发电器，是由肌肉特化而成的。发电器由若干肌纤维组成，形成六角形柱状管，管内有无色的胶状物质，主要起电解作用。管内有许多扁平的电板排列，电板由一些小的化学细胞组成，与神经相连，我们把它们叫做“电板细胞”。电鳐捕捉食物时，信号通过神经传导到电板的细胞，小细胞产生化学物质，改变细胞膜内和膜外的电荷分布，产生电位差，电流也就因此产生了。一个细胞产生的电流很小，一条电鳐身上有数百万个电板细胞，它们同时放电的时候，电流就相当大了。生活在大西洋和印度洋的热带及亚热带近岸水域中的巨鳐，体型

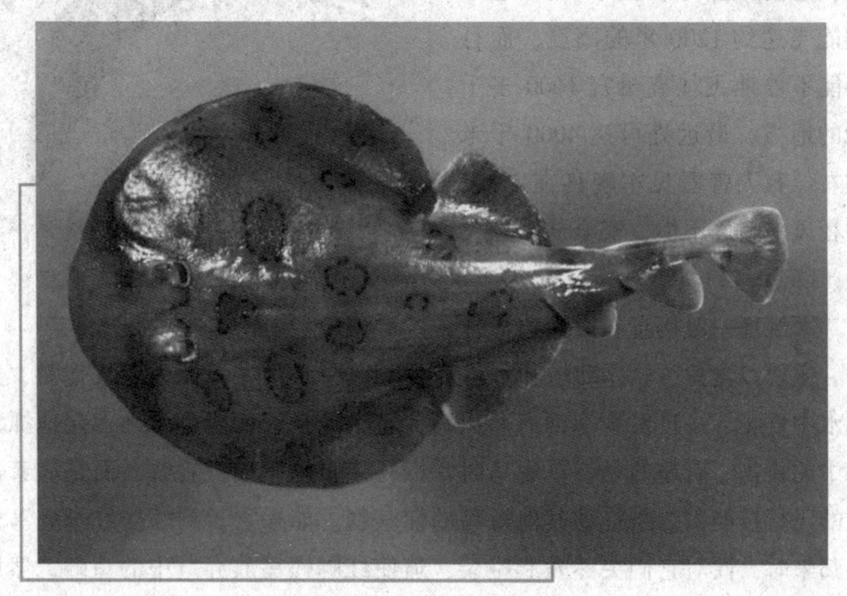

电　鳐

较大，最大者可达2米多。科学家们曾对这种电鳐进行过测试，结果发现，它可以产生60伏电压，50安培的电脉冲，3000瓦功率的电击，足以击毙一条几十千克的大鱼。世界上第一个人工电池——伏打电池，就是根据电鳐的发电器官为模型而设计出来的。

有一种鸟它们也是靠着自己体内神奇的生物电称霸海上，每次捕食从不失手。它们就是有着“海上强盗”之称的军舰鸟。军舰鸟是一种大型热带海鸟，全世界目前已知的有5种，主要生活在太平洋、印度洋的热带地区，我国的广东、福建沿海及西沙、南沙群岛也有分布。

军舰鸟全身羽毛呈黑色，夹有蓝色和绿色光泽，喉囊、脚趾为鲜红色。雌鸟下颈、胸部为白色，羽毛缺少光泽。军舰鸟胸肌发达，善于飞翔，素有“飞行冠军”之称。它的两翅展开足有2~5米之长，捕食时的飞行时速可达400千米左右，是世界上飞行最快的鸟。它不但能飞达约1200米的高度，而且还能不停地飞往离巢穴1600多千米的地方，最远处可达4000千米左右。有人曾看见军舰鸟在12级的狂风中临危不惧，安全从空中飞行、降落。

军舰鸟

军舰鸟一般栖息在海岸边树林中，主要以食鱼、软体动物和水母为生。它白天常在海面上巡飞遨游，窥伺水中食物。一旦发现海面有鱼出现，就迅速从天而降，准确无误地抓获水中的猎物。有趣的是，军舰鸟时常懒得亲自动手捕捉食物，而是凭着高超的飞行技能，拦路抢劫其他海鸟的捕获物。如果它看到邻居红脚鲣鸟捕鱼归来时，便对它们突然发起空袭，迫使红脚鲣鸟放弃口中的鱼虾，然后急速俯冲，攫取下坠的鱼虾，占为己有。由于军舰鸟有“抢劫”行为，人们贬称它为“强盗鸟”。

军舰鸟之所以能这样横行于海面，是因为它有一种过硬的本领——能在飞鱼落水前的一刹那叼住它，从不失手。美国科学家经过 10 多年研究，发现军舰鸟的“电细胞”非常发达，其视网膜与脑细胞组织构成了一套功能齐全的“生物电路”，它的视网膜是一种比人类现有的任何雷达都要先进百倍的“生物雷达”，脑细胞组织则是一部无与伦比的“生物电脑”，因此它们才有上述绝技。

不止动物体内存在这神奇的生物电，有些植物的生物电也很神奇呢。含羞草你们一定见过。我们知道它一旦被人碰到就会害羞地合上叶片，像个害羞的小姑娘，因此人们称她为含羞草。

含羞草的这种特殊的本领，是有它的一定历史根源的。它的老家在热带南美洲的巴西，那里常有大风大雨。每当第一滴雨打着叶子时，它立即叶片闭合，叶柄下垂，以躲避狂风暴雨对它的伤害。这是它适应外界环境条件变化的一种适应。另外，含羞草的运动也可以看作是一种自卫方式，动物稍一碰它，它就合拢叶子，动物也就不敢再吃它了。含羞

含羞草

草的叶子如遇到触动，会立即合拢起来，触动的力量越大，合得越快，整个叶子都会垂下，像有气无力的样子，整个动作在几秒钟就完成。其实含羞草就是一种草，哪会像人一样害羞呢？它的表现都是生物电的功劳。含羞草的叶片受到刺激后，立即产生电流，电流沿着叶柄以14毫米/秒的速度传到叶片底座上的小球状器官，引起球状器官的活动，而它的活动又带动叶片活动，使得叶片闭合。不久，电流消失，叶片就恢复原状。

生活中的静电

我们用一把干燥的塑料梳，在干燥的头发上梳几下，再靠近纸屑和绒毛，塑料梳立刻会把这些轻小的东西吸住。因为塑料梳和头发摩擦以后，上面带了电荷，这叫做摩擦起电。

冬天，在气候干燥的晚上，把电灯关了，人对着镜子，用干燥的塑料梳梳自己的头发（事先可用肥皂洗洗头发，并让它干燥）。在镜子里，你会

人带静电后头发竖起来

看到头发和梳子中间，发出闪闪的火花，还会听到“噼啪”的爆裂声。塑料梳和头发摩擦时，它们都带了大量的不同电荷，摩擦后就放出电火花，发出爆裂声，这叫做放电。

运汽油的汽车行驶在路上，油罐里的汽油不断地和油槽壁摩擦，油罐上就会产生电荷。要是电荷越积越多，经过摩擦，就放出电火花。汽油是容易着火的，碰到电火花时，立刻会烧起来，油罐就有爆炸的危险。为了避免发生事故，在油罐上拖一条尾巴——装一根铁链拖在地上，使电荷沿铁链传到地面，就可避免爆炸。

另外空气中的灰尘，在飘扬的时候，也跟空气摩擦而带电，会黏吸在油车上。如果电荷越积越多，达到能放火花的程度，那么，往油罐里倒汽油时，就可能产生电火花使汽油烧起来。运油的汽车有了这一条尾巴，可以把车身上灰尘带来的电荷，传到地面，汽油就不会着火了。

电的应用

控制雷电与利用雷电

随着科学技术的迅速发展，雷电这一自然现象已基本上被人们了解。但是我们应当在了解雷电的基础上，做到控制雷电并使之为人类服务。怎样才能利用雷电呢？

一提起利用雷电，我们就会联想到打雷下雨时雷声隆隆、电光闪闪的壮观景象。

闪电的能量

大家一定会认为闪电可以释放出大量的能量，并企图利用闪电的能量。但是，利用闪电的能量有一个困难，就是闪电不能按人们的希望在一定的时刻发生。换句话说，就是闪电不易控制。另外，虽然闪电是最常见的自然现象，但是据统计，每年在每平方千米面积上平均只有一两次闪电。雷雨云单体的尺度从 1 千米至 10 千米，所以各次闪电都隔着很大的距离。有人测量并统计过，在强雷雨时闪电之间的平均距离是 2.4 千米。在弱雷雨时闪电之间的平均距离是 3.7 千米。

如果竖立一根很高的铁杆引雷，雷击的次数要多些，但是闪电击中铁杆的次数仍不很多。有人统计过，在一个雷雨季节，雷电击中高 400 ~ 800 米的避雷针的次数也不过 20 次。

很早就有人做过利用闪电制造化肥，肥沃土地的实验。我们知道，氮和氧是空气的主要成分。氮是一种惰性气体，在平常的温度下，它不易与氧化合，但是当温度很高时，它们就能化合成二氧化氮。

如果我们有兴趣，可以做一个简单的实验：用一个封闭的玻璃瓶，里面充满空气并插上电极。通电时，电极间就有耀眼的火花闪耀。火花之中，慢慢地有黄色的氮气燃烧的火焰出现。过一会儿，原来无色的空气会变成红棕色，把瓶子打开，迎面就有一股令人窒息的气味，这就是二氧化氮。如果往瓶子里倒些水，摇晃几下，红棕色的气体马上消失，二氧化氮溶解于水变成硝酸。

自然界的闪电火花有几千米长，温度很高，一定有不少氮和氧化合生成二氧化氮。闪电时生成的二氧化氮溶解在雨水里变成浓度很低的硝酸。它一落到土壤中，马上和其他物质化合，变成硝石。硝石是很好的化肥。有人计算过每年每平方千米的土地上有 100 ~ 1000 克闪电形成的化肥进入土壤。

人工闪电制肥实验的做法有很多，这里只举一个例子。有人在田野里竖立 3 根杆子（制肥器），一般是木杆，杆高约 20 米，杆距 120 米，杆子顶部装有金属接闪器，用金属导线从接闪器一直引到地下埋入土中。建立后，曾进行了 2 次雷击实验。在每次雷击后对实验地段附近地区的雨水及土壤进行化学分析，测量其中硝酸态氮含量的增减。第一次雷击强度较小，比较明显的范围半径约15米，有效面积约1亩。经过土壤分析。结果是约增氮0.94~1千克，相当于硫酸铵4.7~5千克/亩。第二次雷雨强度较大，以实验地点为中心50米半径范围内，平均每亩增加2.7千克，相当于硫酸铵13.55千克。

从以上实验可以看到，雷电确实起到了把空气里的氮“固定”到土壤里去的作用。更有趣的是，有人为了验证人工闪电制肥实验的效果，在实验室里用人工闪电做了实验。结果，经过闪电处理的豌豆比未处理的提早分枝，分枝数目也有增加，开花期也提早10天左右；处理过的玉米抽穗提早了7天；处理过的白菜增产15%~20%，证明闪电对农作物确有一定好处。

虽然这些数字只是从次数不多的试验中分析化验的结果，但是它可以直观地说明，闪电可以增加土壤里的氮肥，对农作物的生长有一定好处。

用电波传递声音——电话

电话已发明120多年了。1875年美国人贝尔在波士顿大学研究多路电报的时候，发现了利用电磁现象传送声音的可能性，终于在1876年发明了电话，随后电话很快就得到了发展。1877年美国出现了第一个电话局。电话比起电报来，具有不需要译码和便于操作等优点，因而成为人类通信工具的又一次变革。电话从发明到现在经历了一系列的历史沿革。

老式电话

电话的改进和发明包括碳粉话筒，人工交换板，拨号盘，自动电话交换机，程控电话交换机，双音多频拨号，语音数字采样等。近年来的新技术包括ISDN，DSL，模拟移动电话和数字移动电话等。

电话机是利用电信号将人们的语言从一地传送到另一地的装置。打电话时，当发话人拿起话机对话筒讲话时，人的声音使空气振动，形成声波，声波作用于话筒。随着声音的大小、高低的变化，电话内的电路产生相应的电流变化，再沿着传输线路传送到对方电话机的听筒，电信号又转为声音振动，作用于人耳，就可以听到发话人的声音了。

送话器和受话器就像人的“嘴巴”和“耳朵”。电话机的种类繁多，在中国就有上百种。有拨盘式、按键式，也有桌式、墙式，有的还带有留言录音系统。

无绳电话机只是一般电话机的功能扩展。它在普通电话机上增加一个小型无线电收发信机，构成一个座机。手持机与主机之间采用双工无线电话通信。手持机可以随身携带，在座机周围一定的范围内，能够随时随地通过无线信道和有线电话网通信。无绳电话的工作原理是：由固定机和移动机之间的近距离无线电收发讯号来沟通话音，一般采用晶体控制的窄带

拨盘电话

调频方式工作。固定机的发射频率为40.0～40.5兆赫，接收频率为49.5～50.5兆赫；移动机的收、发频率与此相反。当固定机收到市内电话线路传来的话音后，就由机内的发射机发射到移动机的接收部分，最后由移动机的扬声器传出。移动机的回话同样是由移动机的话筒传入后，经机器的无线发射被固定机接收，再经市话局线路传到对方。最初的无绳电话作用距离只有几十米到几百米。近年来，无绳电话已发展为有较大发射功率的中继台进行转发，移动机可在几千米以至更远范围内收发电话。

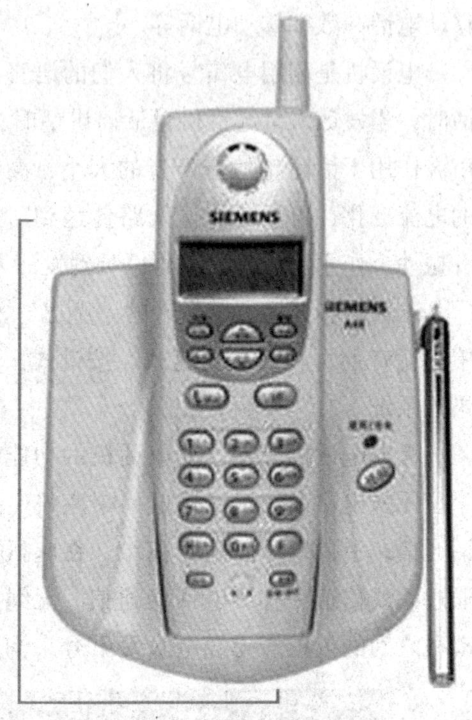

无绳电话

可视电话是一种先进的通信方式，在看电视时看到图像是很自然的，但可视电话不能像电视那样，它的画面几乎是静止的。使用可视电话机时，只要按某个按钮，就可以将自己

可视电话

通话时的图像发送出去，也可以将对方的图像接收过来，因此，通话人就可以相互看到对方静止的图像。当然，在发送和接收图像时是不能通话的，但这个时间是非常短的。

程控电话机是由程控交换机控制的电话机，是一种双音频的电话机。它比旧的电话机增加了很多功能，可以进行缩位拨号、呼叫等待、三方通话等服务。

移动电话机俗称“大哥大”机，是区别有线电话机而言的。它为人们的生活增添了新的色彩，可以随身携带，无论在奔驰的汽车里，还是在没有固定电话的地方，都可以利用移动电话机交谈公务，汇报工作情况。移动电话与市内电话一样，用户直接拨号，就可以自动接通线路，进行通话。现在还可以实现全球通话。

移动电话

市内街道上的公用电话机大部分是投币电话机，只要投入规定的硬币，就能拨号通话。磁卡电话机是一种新型的公用电话机。将购买的磁卡插入电话机，电话机首先判别磁卡的真伪和是否有效，如磁卡有效，就可以拨打电话。打电话时，电话机上的显示屏将显示相关的信息。磁卡是一种预付款凭证，它可以拨叫市内电话，也可以拨叫国内国际长途电话。

近年来一些网络电话“话吧”在学校、居民住宅区、工业区等迅速兴起。与几年前兴起的传统“IP公话超市”不同的是，网络电话的运营成本更为低廉，且进入门槛更低，只要一台电脑、一条宽带、几台电话机加上一个计费软件和语音网关就可以操作，网络公司向加盟者或者运营商提供技术支持即可。由于像平常打电话一样方便，网络“话吧”深受学生和务工人员的欢迎。无论您是在公司的局域网内，还是在学校或网吧的防火墙背后，均可使用网络电话，实现电脑—电脑的自如交流，无论身处何地，双方通话时完全免费；也可通过您的电脑拨打全国的固定电话、小灵通和手机，和平时打电话完全一样，输入对方区号和电话号码即可，享受 IP 电话的最低资费标准。其语音清晰、流畅程度完全超越现有 IP 电话。通讯技术在进步，我们已经实现了固定电话拨打网络电话。你通话的对方电脑上已安装的在线 uni 电话客户端振铃声响，对方摘机，此时通话建立。

公共投币电话

随着社会的发展人们隐私的保护意识也越来越强。电话的保密性问题逐渐显现出来。我们如何能保证自己的电话不被其他人听到，保护个人信息。现在人们研制出了一种保密电话。保密电话如何保密？

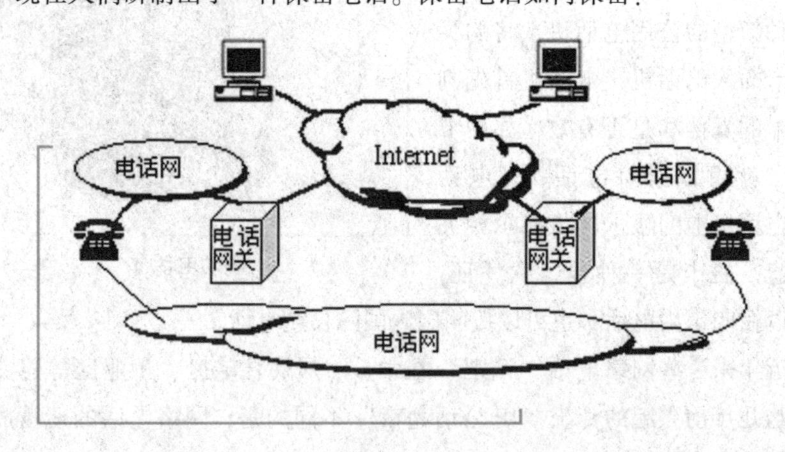

网络电话示意图

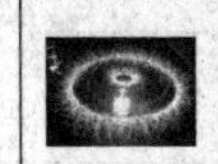

人们给电话加密，使之成为被人无法窃听的保密电话。

电话的加密技术是随着电信技术的发展而发展起来的，我们现在使用的电话，分为模拟电话和数字电话两大类。模拟电话是先把语音信号转变为电信号，传到对方后，再把电信号还原成语音信号。电信号有幅度和频率两个主要特性。幅度随发话人的声音的音量大小而变化，频率随发话人的声音的音调高低而变化。如果通话双方秘密约定，以某种特定的规律改变电信号的这两个特性，那就等于给模拟电话加了密。对加密后的电话，合法收听者因有相应的解密器能使声音复原，而窃听者听到的则是乱七八糟的声音。

将电能转化成光能——电灯

无论晚上学习、干家务，还是观看演出、在路上行走都需要电灯的帮助。电灯能把电能变成光，为人们驱走黑暗，是我们用得最多、最普遍的电器。灯是人类征服黑夜的一大发明。19 世纪前，人们用油灯、蜡烛等来照明，这虽已冲破黑夜，但仍未能把人类从黑夜的限制中彻底解放出来。只有发电机的诞生，才使人类能用各色各样的电灯使世界大放光明，把黑夜变为白昼，扩大了人类活动的范围，赢得更多时间为社会创造财富。我们都知道“发明大王”爱迪生经过千百次的实验终于研制成功了电灯。电灯就像晚上的太阳一样，把光明从白天延续到了晚上。

我们现在看到的电灯准确地讲应该叫做白炽灯。它是电流把灯丝加热到白炽状态而用来发光的灯。电灯泡外壳用玻璃制成，把灯丝保持在真空，或低压的惰性气体之下，作用是防止灯丝在高温之下氧化。它只有 7% ~ 8% 的电能变成可见光，90% 以上的电能转化成了热，白炽灯的发光效率很低，然而，它却是电灯世界的开路先锋。现代的白炽灯一般寿命为 1000 小时左右。电灯是根据电产生热的原理制成的。现在的灯泡一般都选用钨丝做灯丝。别看每天生活在电灯带给我们光明中，但我们对电灯的工作原理未必知晓。其工作原理是：电流通过灯丝时产生热量，螺旋状的灯丝不断将热量聚集，使得灯丝的温度达 2000℃ 以上，灯丝在处于白炽状态时，就像烧红了的铁能发光一样而发出光来。灯丝的温度越高，发出的光就越亮。

抬头看看自己家里的电灯，你会发现怎么有的电灯会发黑呢？原来在电灯内发亮的是钨丝，钨丝可以在很高的温度下保持稳定而不会熔化，而是直接升华成气体，等关灯后，温度下降，钨气又重新凝华成固体覆在了灯泡内壁上，因为钨是黑色固体，所以白炽灯用久了以后，钨在灯内壁反复累集，灯泡就会变黑了。

老式电灯

电灯是有寿命的，一般发黑后，寿命也就不长了，黑色的灯泡会影响照明质量，而且也不美观，所以用时间太长发黑的灯泡不如尽快换掉，尤其是显眼位置，需要良好照明的地方要尽早地换，以免灯泡突然坏掉而没有备用灯泡，影响正常的照明和生活，造成各种不便。

电灯的寿命跟灯丝的温度有关，因为温度越高，灯丝就越容易升华（钨直接变成钨气），当钨丝升华到比较细瘦时，通电后就很容易烧断，从而结束了灯的寿命。所以，电灯的功率（瓦数）越大，寿命就越短。

乐寿堂是中国首次安装电灯的地方，慈禧太后是第一个使用电灯的人。1900 年八国联军入侵北京后，1903 年有位德国商人想发大财，竭力要将西方电气商品打进中国市场，但慈禧反对。外国商人懂得，要想打开中国市场，首先必须让慈禧带头用电灯。于是使用金钱暗地重贿了慈禧的贴身太监李连英。他们趁慈禧外出之机偷偷地将电灯安装上了。待傍晚时，慈禧从外面回来一进乐寿堂就质问：我一走，你们干吗就在我殿内张挂那么多的各色“茄子”？但李连英只是叩头请安，笑而不答。然后恭问：老佛爷，该上灯了吗？慈禧说：上。李迅速将门后的电灯开关打开，即刻五颜六色的灯光大放异彩。慈禧好奇而惊喜地问：这些茄子怎么一下子全亮起来了，究竟是些什么玩艺儿?！李便毕恭毕敬地奏道：这就是电灯，并说明用电灯的方便、干净、明亮、安全，老佛爷用上它可以添福添寿呢！从此慈禧便用电灯，中国各大城市慢慢开始用电了。

导电材料

我们先来讲一下半导体。半导体的导电能力处于导体和绝缘体之间。

可以说，没有半导体，就谈不上现代化。导电能力介于导体和绝缘体之间的一些物质，像硅、锗等，就叫半导体。如果半导体仅仅是在导电性能上与导体、绝缘体有差别，就不会受到人们这么大的重视了。半导体还有许多奇特的性质，使得人们对它另眼相看。

当外界条件变化时，比如当温度发生变化、半导体受到压力或者光照，半导体的导电能力（电阻）就会改变，而且非常灵敏。人们利用这个性质来检测各种微小变化。例如，用对热敏感的半导体做成的温度计，可以测量物体温度0.001℃的变化。

在人们周围的世界，硅、锗、硒等都是非常有用的半导体。半导体的最大用途就是做成各种电子元件，再组合成各种电路，完成人们交给的工作。由于半导体多是一些物质的晶体，所以这样的电路也叫晶体管电路，无论在收音机、电视机还是各种电子仪器里面，都能看到这样的电路。在没有半导体的时候，人们使用的是电子管，它体积大，耗电多，仪器要做得很大，而使用晶体管电路就大大减小了体积和能量消耗，性能还有很大提高。现在，人们又研究出了半导体集成电路，做成的仪器体积就更小了。利用半导体做成的最常用的电子元件有晶体二极管（简称二极管）和晶体三极管（简称晶体管）。二极管有2个极，可以输入和输出电流，它具有单向导电性，就是说电流很容易从一个极流向另一极（电阻很小），但反方向流动时就很难（电阻很大）。而对普通的导体来说，无论电流向哪个方向流动电阻都是一样的。利用二极管的这个特点，人们可以制造出整流器把交流电转换成直流电。此外，二极管还有许多种类，除具有单向导电性外还能发挥别的作用。

二极管

三极管则有 3 个极，电流从 1 个极流入，从另 2 个极流出。三极管的最大作用就是可以把电流的微小变化放大。从广播电台发射的电磁波传播到收音机时都很微弱，而采用三极管和其他元件做成的放大电路可以把电波放大，这样人们就能清楚地收听了。二极管和三极管要发挥作用，还必须和其他电子元件组成电路才行。而如何组成电路，高效地完成人们交给的任务，就需要对半导体的导电规律进行详细深入的研究。现在，在物理学中已经形成了

三极管

专门研究半导体性质的领域——半导体物理学，此外还有无线电电子学等也与半导体有着密切的关系。

现在，半导体已经在人们生产生活的许多方面发挥巨大的作用。从军事上的导弹、雷达、电台，到科研上使用的计算机、各种仪器以及现代生活中的电视机、收音机等，都要依靠半导体才能工作。

因为电阻会随着通电环境的变化而有所变化。人们在一种特殊的环境下发现好多材料都会变成导电能力超强的——超导体。

在温度和磁场都小于一定数值的条件下，许多导电材料的电阻和体内磁感应强度都突然变为零的性质。具有超导性的物体叫做“超导体”。1911年荷兰物理学家卡曼林－昂尼斯（1853～1926年）首先发现汞在4.173K以下失去电阻的现象，并初次称之为“超导性”。现已知道，许多金属（如锡、铝、铅、钽、铌等）、合金（如铌－锆、铌－钛等）和化合物（如Nb_3Sn、Nb_3Al等）都是可具有超导性的材料。物体从正常态过渡到超导态是一种相变，发生相变时的温度称为此超导体的“转变温度”（或“临界温度”）。现有的材料仅在很低的温度环境下才具有超导性，其中以Nb_3Ge薄

超导体

膜的转变温度最高（23.2K）。

1933年迈斯纳和奥森费耳德又共同发现金属处在超导态时其体内磁感应强度为零，即能把原来在其体内的磁场排挤出去，这个现象称之为迈斯纳效应。当磁场达到一定强度时，超导性就将破坏，这个磁场限值称为“临界磁场”。目前所发现的超导体有2类。第一类只有一个临界磁场（约几百高斯）；第二类超导体有下临界磁场 Hc_1 和上临界磁场 Hc_2。当外磁场达到 Hc_1 时，第二类超导体内出现正常态和超导态相互混合的状态，只有当磁场增大到 Hc_2 时，其体内的混合状态消失而转化为正常导体。现在已制备上临界磁场很高的超导材料（如 Nb_3Sn 的 Hc_2 达22特斯拉，$Nb_3Al0.75Ge0.25$ 的 Hc_2 达30特斯拉），用以制造产生强磁场的超导磁体。超导体的应用目前正逐步发展为先进技术，用在加速器、发电机、电缆、贮能器和交通运输设备直到计算机方面。1962年发现了超导隧道效应即约瑟夫逊效应，并已用于制造高精度的磁强计、电压标准、微波探测器等。近些年来，中国、美国、日本在提高超导材料的转变温度上都取得了很大的进展。1987年研制出YBaCuO体材料转变温度达到90～100K，零电阻温度达78K，也就是说过去必须在昂贵的液氦温度下才能获得超导性，而现在已能在廉价的液氮温度下获得。1988年又研制出CaSrBiCuO体和CaSrTlCuO体，使转变温度提高到114～115K。近两三年来，超导方面的工作正在突飞猛进。

卡莫林发现的超导

超导体主要有2个基本特性，即：①零电阻性或完全导电性；②完全抗磁性。因此，它在科研、生产的各个领域都有着广泛的应用。总体来说可

分为 2 大类：①用于强电，用超导体制成大尺度的超导器件，如超导磁铁、电机、电缆等，用于发电、输电、贮能和交通运输等方面。②用于弱电，用超导体制成小尺度的器件，用于精密仪器仪表、计算机等方面。

在这个追求速度和效益的时代，人们越来越对一种现象感到不可容忍：电流在输送过程中时约有 30% 电能转化为无用的热量。

导体尽管容易让电流通过，但导体仍有一些电阻，而超导体是不存在这个问题的唯一一类材料。超导体是这样一种物质：在低温条件下，它完全没有电阻，电流通过时不会有任何损失。超导体具有许多特殊的性质，当然最主要的是零电阻。人们做过实验，让电流在超导体制成的圆环中流动，电流可以流动 1 年而没有损失。人们通过对超导理论的研究，得到了对超导现象的深入认识。人们发现在超导体中，一些电子形成了特殊的电子对，因而使物体显示出超导性。

超导体可以有非常大的用途，这也是各国科学家努力研究超导的重要原因。用超导体输送电能可以大大减少消耗，用高温超导体材料加工的电缆，其载流能力是常用铜丝的 1200 倍；利用超导体可以形成强大的磁场，可以用来制造粒子加速器等，如用于磁悬浮列车，列车时速可达 500 千米；利用超导体对温度非常敏感的性质可以制造灵敏的温度探测器。超导材料最诱人的应用是发电、输电和储能。由于超导材料在超导状态下具有零电阻和完全的抗磁性，因此只需消耗极少的电能，就可以获得 10 万高斯以上的稳态强磁场。而用常规导体做磁体，要产生这么大的磁场，需要消耗 3.5 兆瓦的电能及大量的冷却水，投资巨大。超导磁体可用于制作交流超导发电机、磁流体发电机和超导输电线路等。

经过 70 多年的发展，超导材料达到的最高临界温度只有 23.2K，没有脱开液氦温度，而液氦价格昂贵，冷却效率低，很难广泛使用，目前超导体只在一些尖端的设备（如粒子加速器）上得到应用。

要让超导体得到广泛应用就首先要有容易使用的超导体。人们现在正不断地寻找新的超导体，其主要方向就是寻找能在较高温度下存在的超导体材料，即“高温超导体”（这里的高温是相对而言的）。20 世纪 80 年代末，世界上掀起了寻找高温超导体的热潮，1986 年出现氧化物超导体，其临界温度超过了125K，在这个温度区上，超导体可以用廉价而丰富的液氮来冷却。此后，科学家们不懈努力，在高压状态下把临界温度提高到了164K（-109℃）。1998年中国科学家研制成功了第一根铋系高温超导输电电缆。这一成功极大地推进了中国高温超导技术的实用化进程。高温超导材料的用途非常广阔，大致可分为3类：大电流应用（强电应用）、电子学应用（弱电应用）和抗磁性应用。大电流应用即前述的超导发电、输电和储能；电子学应用包括超导计算机、超导天线、超导微波器件等；抗磁性主要应用于磁悬浮列车和热核聚变反应堆等。

有些材料对通电环境中的某中因素极为敏感。我们也敏锐地发现它们的这一特性。在日常生活中利用这个性质来为我们服务。

敏感电阻器常识：

（1）热敏电阻——

是一种对温度极为敏感的电阻器，分为正温度系数和负温度系数电阻器。选用时不仅要注意其额定功率、最大工作电压、标称阻值，更要注意最高工作温度和电阻温度系数等参数，并注意阻值变化方向。让我们举个例子看看人们如何利用这种电阻。让房间里装了空气自动调节器，室温就能经常保持在20℃左右，使人感到舒服。为什么空气自动调节器能够自动调节室温呢？这是一种叫做热敏电阻的功劳。热敏电阻对温度的变化有着极其灵敏的反应。要是温度升高或降低一度，它的电阻就增加或减少5%左右。电阻增加，电子就不容易通过，电流就减弱；反过来，电流就增强。这种时弱时强的电流可以自动地减慢或加快空气调节器的工作，于是室内就能一直保持着使人感到舒适的温度。

（2）光敏电阻——

光敏电阻器（photovaristor）又叫光感电阻，是利用半导体的光电效应制成的一种电阻值随入射光的强弱而改变的电阻器；入射光强，电阻减小，入射光弱则电阻增大。光敏电阻器一般用于光的测量、光的控制和光电转换（将光的变化转换为电的变化）。

通常，光敏电阻器都制成薄片结构，以便吸收更多的光能。当它受到光的照射时，半导体片（光敏层）内就激发出电子—空穴对，参与导电，

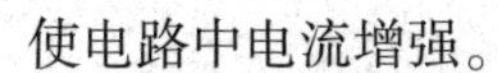

使电路中电流增强。

自动控制的路灯也是利用了这种电阻，只要光线不够，路灯就会自动打开。光控大门也是利用了电阻的这一性质。

（3）压敏电阻——

是对电压变化很敏感的非线性电阻器。当电阻器上的电压在标称值内时，电阻器上的阻值呈无穷大状态；当电压略高于标称电压时，其阻值很快下降，使电阻器处于导通状态；当电压减小到标称电压以下时，其阻值又开始增加。

光控路灯

压敏电阻可分为无极性（对称型）和有极性（非对称型）压敏电阻。选用时，压敏电阻器的标称电压值应是加在压敏电阻器两端电压的2~2.5倍。另需注意压敏电阻的温度系数。

（4）湿敏电阻——

是对湿度变化非常敏感的电阻器，能在各种湿度环境中使用。它是将湿度转换成电信号的换能器件。选用时应根据不同类型号的不同特点以及湿敏电阻器的精度、湿度系数、响应速度、湿度量程等进行选用。这种电阻在现代化农业中广泛应用。电阻可以灵敏地接受到环境中的湿度、温度、水分等信息，然后转换成电子信号，农民们可以根据这些信息控制农业生产。

(5) 气敏电阻——

在现代社会的生产和生活中，人们往往会接触到各种各样的气体，需要对它们进行检测和控制。气敏电阻传感器就是一种将检测到的气体的成分和浓度转换为电信号的传感器。

它的特点是对空气中某种气体的增加或减少特别敏感。根据这个特点，人们把它制成了各种专门用途的电子鼻。例如检查煤气的电子鼻，只要周围空气里有一丁点儿煤气的成分，它就会向人们发出警告，防止煤气中毒。它甚至能够检查出埋在地下半米左右深处的煤气管道是不是漏气。依靠它，人们能够及时发现管道的漏洞，防止浪费，消除火灾和中毒事故。

我们日常生活中看到的好多电器都是对电阻的利用。电子琴就是利用了电阻。

电子琴既可以演奏不同的曲调，又可以发出强弱不同的声音，还可以模仿二胡、笛子、钢琴、黑管以及锣鼓等不同乐器的声音。那么，电子琴的发音原理是怎样的?

大家知道，当物体振动时，能够发出声音。振动的频率不同，声音的音调就不同。在电子琴里，虽然没有振动的弦、簧、管等物体，却有许多特殊的电装置，每个电装置一工作，就会使喇叭发出一定频率的声音。当按动某个琴键时，就会使与它对应的电装置工作，从而使喇叭发出某种音调的声音。

电子琴的音量控制器，实质上是一个可调电阻器。当转动音量控制器旋扭时，可调电阻器的电阻就随着变化。电阻大小的变化，又会引起喇叭声音强弱的变化。所以转动音量控制旋扭时，电子琴发声的响度就随之变化。

当乐器发声时，除了发出某一频率的声音——基音以外，还会发出响度较小、频率加倍的辅助音——谐音。我们听到的乐器的声音是它发出的基音和谐音混合而成的。不同的乐器发出同一基音时，不仅谐音的数目不同，而且各谐音的响度也不同，因而使不同的乐器具有不同的音品。在电子琴里，除了有与基音对应的电装置外，还有与许多与谐音对应的电装置，适当地选择不同的谐音电装置，就可以模仿出不同乐器的声音来。

将电转化成热能——各种电热炊具

用电来做饭烧菜的炊具，统称为电热炊具。电热炊具的种类很多，如电饭煲、电磁灶、微波炉、电烤箱等。

电饭煲是十分普通的炊具。它有 2 层装置：①搪瓷做的外壳，②不锈钢或铝制的锅体。锅体内的电热盘是加热的装置。电饭煲还装有磁性开关和恒温装置。在饭做好后，磁性开关将电源切断。恒温装置是利用 2 个膨胀系数不同的金属片做成的。当温度升高时，金属片的伸长量不同，使触点分开断电；而当温度降低时，金属片恢复原状，使触点闭合通电加热。电饭煲使用安全并且方便简单。如做饭时，只要淘好米，加好水、盖好盖，按下控制按钮，就能自动将饭做好，并能保持一定的温度。电饭煲常见的有 3 种类型：普通保温型、电子保温型和压力型。

电磁灶是一种利用电磁感应原理进行加热的炉灶。它的主要部件是金属导线缠绕的线圈。当交流电通过这个线圈时，会产生交变的电磁场。磁力线穿过锅体时，锅体的底部受到感应，会产生大量的强涡流。涡流受材料电阻的阻碍时，放出大量的热量，使饭菜煮熟。电磁灶的热量传递的损耗较低，没有明火，热利用效率可达 80%，并且热量均匀，因此烹调速度快，节省能源。20 世纪 80 年代以后，电磁灶成为成熟的家电产品，功能不

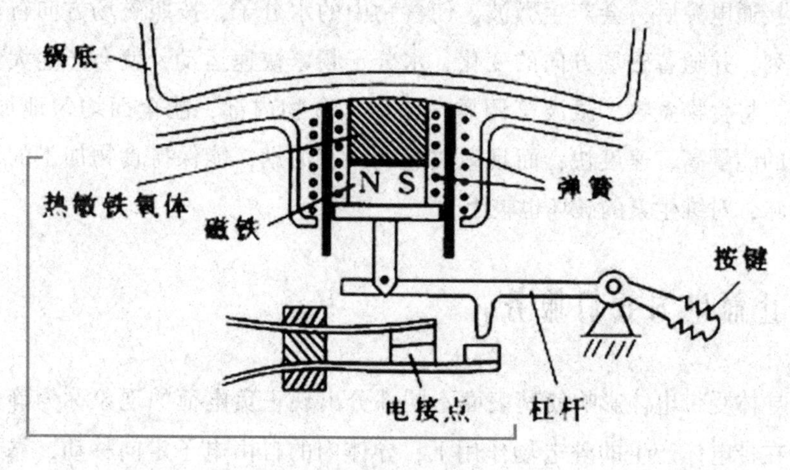

电饭煲原理图

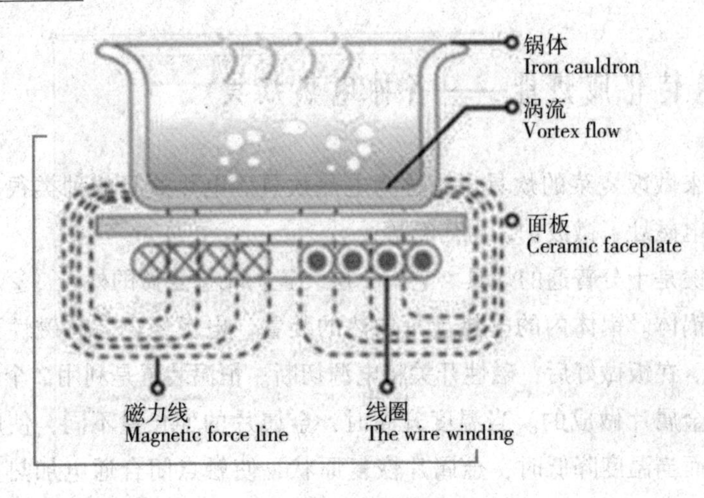

电磁炉原理

断增多。最新产品可以用电脑控制、自动报时显示、数字式温度显示等。

微波炉是近年来兴起的新型炊具。它充分利用了微波能量大的特点。微波是指波长为1毫米~1米、频率在300MHz~300GHz的电磁波，除具有一般电磁波的共性外，还有自身的特性：如微波遇到一些金属导体就会反射，导体不吸取其能量；微波在玻璃、塑料中能自由传递，并且不消耗能量；微波遇到含有水分的淀粉、蔬菜、肉类等物质，不仅不能穿透这些物质，而且它的能量还要被吸收掉。微波炉中的磁控管是微波炉的加热部件。它在接通电源后，会产生微波，使食物中的水分子，按照磁场方向首尾一致排列，并随着磁场方向的变化，水分子频繁快速运动，就会产生大量的热量，将食物煮熟。微波烹调靠微波深入食物内部，能全面均匀地加热，烹调的能量高、速度快；而且微波烹调没有油烟，能保持食物加工的天然色香味，对维生素的破坏也较小。

让静电为我们服务

导体受带电体影响使其表面不同部分出现正负电荷的现象称为静电感应。在带电体产生的外电场作用下，导体内的自由电子定向移动，靠近带电体的导体一端产生异种电荷，远离带电体的一端带上同种电荷，因带电体离导体中相反电荷的距离近，吸引力大于距离远的相同电荷的排斥力，所以就要把附近的细小物体吸过来。利用静电感应现象可以使导体带电，比如用塑料梳子使劲在头发上蹭几下，梳子就能吸引灰尘等细小物体，这就是静电感应的表现。

人们现在可以利用静电感应来为人类服务。火力发电厂燃烧燃料时会排放出大量细小的烟尘污染空气，在排放前让烟尘通过静电场，烟尘就会被截留下来。这种方法叫静电除尘。在纺织工业中，可以利用静电植绒来生产新型纺织物。它是利用静电使绒毛按一定方向排列后黏着在纺织物表面，可以使纺织物既保暖，又让人感到很舒适。

静电复印技术可以又快又好地复制各种文件、图画，它也是利用了静电感应。在复印时，通过一系列装置使纸上要印上字的地方带上静电，再把墨粉吸引到有静电的地方，就产生了与原稿相同的文字、图案。复印机就是利用静电复印的一个很好例子。复印机在日常生活中已应用得相当普遍，无论照片、证书、票据或工程设计图纸，都可以在复印机中复印出来。

静电利用－复印机

复印机是根据静电正、负电荷互相吸引的原理制成的。复印可分直接复印和间接复印两种。直接复印时，先让复印纸按图案文字颜色深浅，分别带上相应静电电荷，深处电荷密，浅处电荷稀，形成一张与图文颜色深浅相对应的静电图像。然后，让带有异性电荷的墨粉直接被静电图像吸引，深的地方吸引的墨粉多，浅的地方墨粉少，再通过热压，将墨粉黏附在复印纸上，一份复印件就出来了。

还有一种更加方便的间接复印法，是在由硒材料制成的“硒鼓”上，先形成静电图像，让墨粉吸附在上面，再转印到复印纸上去，形成复印件。采用这种复印方法，对复印纸没有特别要求，即使是普通纸张也能复印出来。

电能转化成动能——电动机

人们一直在寻找一种方法，把电力转化成动能，完成人力畜力所不能完成的工作。电动机就是基于这样的愿望发明的。现在人们把美国科学家约瑟夫·亨利看成是电动机的创始人。1799 年亨利出生在纽约州的奥尔巴尼，由于家境贫困，10 岁时就在乡村的小店里做伙计。苦难的童年，只有他养的那只小白兔与他朝夕相处，给他带来一点欢乐。说来也真有趣，竟是这只小白兔引导他走上了一条新生活的道路。一天，小白兔从笼子里跑出来了，亨利尾随后面紧追不舍，一直追进了教堂才将兔子逮住。这时他才注意到教堂里悄然无声，四周色彩斑斓的壁画和大量的藏书使他觉得这里是多么的神圣和肃穆，从此他经常到这里来读书。有一天他读到一本 1808 年伦敦出版的格利戈里关于《实验科学、天文学和化学讲集》，扉页上写道：向空中扔一块石头或射出一枝箭，为什么它不朝着你给予的方向一直向前飞去？这个问题一下子把亨利给迷住了。他读完了这本书后就下决心献身于科学事业。

亨利在电学上有杰出的贡献是他发明了继电器电报的雏形，比法拉第更早发现了电磁感应现象。但却没有及时去申请专利。

只有对电动机的设想使他荣获了发明家的殊荣，1831 年 7 月的《西门子》杂志上阐述了有关电动机的原理和构想，他说：“这一原理——或者经过较大幅度地修改——应用于某种有益的用途，不是不可能的。”显然，话是太谨慎

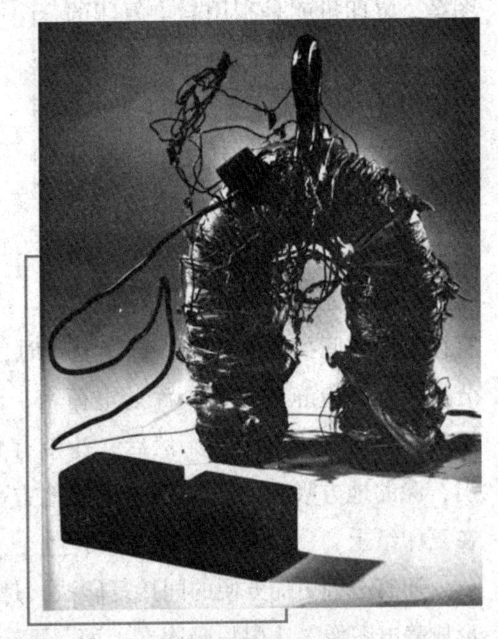

亨利实验用的电磁铁

了。电动机具有十分广泛的用途，开拓了电气化时代的新纪元。

1838 年某天，俄罗斯中部涅瓦河的一个码头上，挤着不少人。有的人在搓手，有的人在呵气，这么冷的天气，寒风里干什么？来了，来了！人群中有人喊。大家朝上流方向眺望，只见灰蒙蒙的寒气之中，出现了一个黑影，原来是一艘机动船在慢慢地驶来。船渐渐近了，大家看得清晰，船上坐着 12 位旅客，船尾的机舱边站着一个胖子，兴奋得满脸通红，还不住地向码头上的人群招手示意。此人就是船主雅可比。“这船有什么好看？人群里有人问。“看，这小船上没有烟囱，不烧油、不烧煤，用电力来开动的呢！啊！这条由雅可比创制的不起眼的机动船是用 40 部马达和 320 个大电池来驱动的，是世界上第一艘电机船。”

曾在柏林大学读过书的雅可比生于德国，成为彼得堡科学院院士。他研究了当时许多人发明的玩具电动机，认为这种电动机之所以没有实用价值是因为天然磁铁的磁场强度太小了。于是利用电磁铁产生出强得多的磁场，从而使电动机向实用迈开了一大步。由于电动机不需要燃烧，不会产生污染，又有容易控制的特点，所以它出现立即显示出巨大的生命力。

英国技师大卫制成了电动双人座车，形式各异的电动机层出不穷。

美国铁匠托马斯和法国的吉弗罗兰也先后申请了电动机专利，但这些电动机都必须用伏打电池来供电，寿命不过几年，这种电池供给的电流很小，又不耐用，使用起来显然是得不偿失，怎么办呢？这个看起来十分困难的问题却在一次偶然事件中获得了圆满的解决。

两人电动车

1873 年维也纳国际博览会开幕了。当时欧洲各国的科技界和工商界都将最新的发明样品送去展览。数以千计的人从欧洲大陆各地赶到这“音乐之城”参观这个科学、工业、艺术和建筑的最新奇迹。而这次奇迹中的奇迹是展览会里发生了一次偶然事故。

奇迹出现了，一位工作人员因为疏忽把2台发电机连接了起来。这时一台发电机发出的电流，第二台发电机的电枢竟在这股电流的驱动下迅速地旋转起来。在场的工程师们惊喜若狂，这许多年来连做梦都在觅找的廉价能竟这样令人难以置信地找到，只要用发电机提供的电力，就能使电动机运行起来。伏打电池现在可退居二线了。工程师们欣喜之余，立即动手搭建了一个新的表演厅，用一个小型的人工瀑布来驱动水力发电机，发电机发出的电流来带动电动机，电动机又带动小水泵来喷射泉水。

有2个物理原理为电动机的运转奠定了基础。第一个原理是电磁感应定律，它是由英国科学家和发明家迈克尔·法拉第于1831年发现的。其内容是：如果导体穿过磁场，或改变穿过静止导电闭合回路的磁场强度，导体内将产生感应电流。第二个原理与此相对，指的是电磁的反作用，它是法国物理学家安德尔·玛利亚·安培于1820年观察到的。

所以，如果将带电导体（如一段铜线）放置在磁场中，它将受到力的作用。将导体缠绕许多圈，每一圈都位置适当且导体内有电流通过，这时，

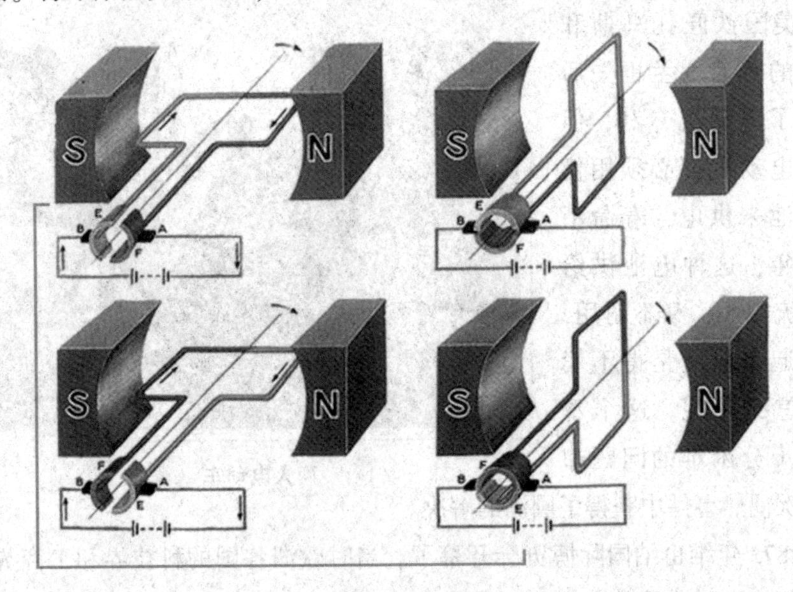

电动机工作原理

产生的力会使线圈旋转。线圈旋转时，电动机的轴也将随之旋转。用电池或电源给电动机通电就会使轴开始旋转，有的电动机由直流电源（如电池）供电，有的电动机由交流电源供电。虽然电动机有多种设计方法，但原理是相同的。

电动机是把电能转换成机械能的设备，它是利用通电线圈在磁场中受力转动的现象制成，分布于各个用户处，电动机按使用电源不同分为直流电动机和交流电动机，电力系统中的电动机大部分是交流电机，可以是同步电机或者是异步电机（电机定子磁场转速与转子旋转转速不保持同步速）。电动机主要由定子与转子组成。通电导线在磁场中受力运动的方向跟电流方向和磁感线（磁场方向）方向有关。电动机工作原理是磁场对电流受力的作用，使电动机转动。

电动机的工作方式不外乎与磁铁和磁性相关：电动机使用磁铁产生运动。如果你曾经玩过磁铁的话，就知道所有磁铁都具有以下基本法则：同性相吸，异性相斥。因此，如果有两根磁铁，并且每根的两端分别标有“北”和“南”，则一根磁铁的北极将会吸住另一根磁铁的南极。反之，一根磁铁的北极将会排斥另一根磁铁的北极（对于南极，情况与此类似）。在电动机的内部，就是这些吸引力和排斥力产生了旋转运动。

你可以发现这半周的运动不过是由于磁铁自然地相互吸引和排斥产生的。制造电动机的关键是要更进一步，使半周运动在完成的那一瞬间，电磁铁的磁场发生翻转。这种翻转可以使电磁铁完成另一个半周运动。更改电子在电线中的流动方向（让电池掉头就可以实现此目

电动机

的）便可以翻转磁场。如果能够在完成每个半周运动时的适当时间精确地翻转电磁铁的磁场，则电动机就可以自由旋转。

电动机无所不在！在房内四周所见到的机械运动几乎都是由 AC（交流）或 DC（直流）电动机产生的。环顾一下你的四周，四处都有电动机在工作。厨房中的排气扇就是在利用电能带动扇页的旋转。电冰箱有两到三个电动机在工作，一个供压缩机用，一个供冰箱内部风扇用，还有一个供制冰机用。

电在医学上的应用

前面我们在无所不在的生物电中讲过，我们体内也存在这大量的电荷。医学中就是利用这一点来诊断病情。比如心电图就是利用心脏电位的变化来判断一个人的身体状况。心脏周围的组织和体液都能导电，因此可将人体看成为一个具有长、宽、厚三度空间的容积导体。心脏好比电源，无数心肌细胞动作电位变化的总和可以传导并反映到体表。在体表很多点之间存在着电位差，也有很多点彼此之间无电位差是等电的。心脏在每个心动周期中，由起搏点、心房、心室相继兴奋，伴随着生物电的变化，这些生物电的变化称为心电。

最近，在美国的医院里产生了一种新的仪器。用它来检查恶性黑色素瘤是一种非常有效的办法。如果要检查你背上的一块黑斑究竟会不会导致癌症，现在的医生只能借助于两种很不完美的工具——肉眼和手术刀。后者会让人感到很痛，检查费用也不便宜，前者不但很容易出错，而且不能检查得非常准确。近年来，黑色素瘤——皮肤癌里最致命的一种，它的发病率以平均每年4%的速度递增，这与该疾病难以辨认是不无关系的。有种仪器能够在常规检查的过程中发现黑色素瘤，将能有效地抑制皮肤癌的发病率。

这种设备名叫 MelaFind，它利用了纤维光学技术（这种技术以发射和俘获光波为基础）把探针放在身体的可疑病变区，它就会释放出 10 个光脉冲，每个脉冲都具有不同的波长。光子与正常组织和癌变组织会发生不同的相互作用，这些不同的吸收和散射模式将会以图像的方式表现出来。图

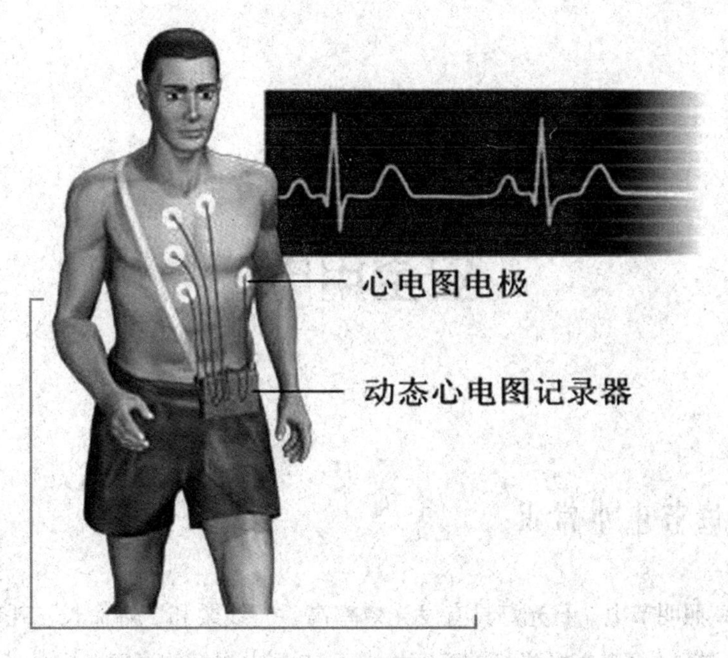

心电图

像经软件分析后，获得的数据会以无线方式传送到医生办公室的工作台上，并从那里传回到 MelaFind 的制造商电子光学科学公司，该公司则将采用他们自己的算法和数据库来对图片进行处理，从而判断出该病变是良性的还是恶性的。诊断结果会在最初成像之后 2 分钟内发给医生。

安全用电

家庭节电小常识

（1）照明节电。日光灯具有发光效率高、光线柔和、寿命长、耗电少的特点，一盏14瓦节能日光灯的亮度相当于75瓦白炽灯的亮度，用日光灯代替白炽灯可以使耗电量大大降低。在走廊和卫生间可以安装小功率的日光灯。看电视时，只开1瓦节电日光灯，既节约用电，收看效果又理想。还要做到人走灯灭，消灭“长明灯”。

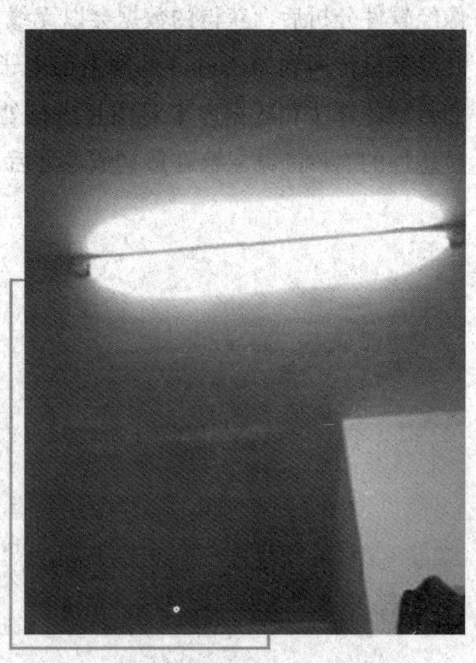

长明灯

（2）电视机节电。电视机的最亮状态比最暗状态多耗电50%～60%；音量开得越大，耗电量也越大。所以看电视时，亮度和音量应调到人感觉最佳的状态，不要过亮，音量也不要太大。这样不仅能节电，而且有助于延长电视机的使用寿命。有些电视机只要插上电源插头，显像管就预热，耗电量为6～8瓦。所以电视机关上后，应把插头从电源插座上拔下来。

(3) 电冰箱节电。电冰箱应放置在阴凉通风处，绝不能靠近热源，以保证散热片很好地散热。使用时，尽量减少开门次数和时间。电冰箱内的食物不要塞得太满，食物之间要留有空隙，以便冷气对流。准备食用的冷冻食物，要提前在冷藏室里慢慢融化，这样可以降低冷藏室温度，节省电能消耗。

电视节能

(4) 洗衣机节电。洗衣机的耗电量取决于电动机的额定功率和使用时间的长短。电动机的功率是固定的，所以恰当地减少洗涤时间，就能节约用电。洗涤时间的长短，要根据衣物的种类和脏污程度来决定。一般洗涤

电冰箱节能

丝绸等精细衣物的时间可短些，洗涤棉、麻等粗厚织物的时间可稍长些。如果用洗衣机漂洗，可以先把衣物上的肥皂水或洗衣粉泡沫拧干，再进行漂洗，既可以节约用电，也减少了漂清次数，达到节电的目的。

(5) 电风扇节电。一般扇叶大的电风扇，电功率就大，消耗的电能也多。同一台电风扇的最快挡与最慢挡的耗电量相差约40%，在快挡上使用1小时的耗电量可在慢挡上使用将近2小时。所以，常用慢速度，可减少电风扇的耗电量。

触电的人是被电“吸”住了吗

常听人们有这种说法：触电时人被电吸住了，抽不开。

实际上这个说法是错误的。我们知道，不论是否存在电流，在一般情况正导线中、电器中的正、负电荷的电量是相等的，对外的静电作用是相互抵消。即使局部地方偶尔出现少许正、负电荷但不相等，其静电引力也是微不足道的。如若不然，就会出现下列奇特现象：用手去移动台灯引线，即使不被吸“住”，至少也会明显感到这种“吸”力，照明电线，特别是高压裸线，会“吸住”大量尘土从而形成粗长的的尘土柱。事实上，这些现象都没出现。

但是问题出现了，人手触电时，为什么有时不把手抽回来？难道不想抽回来？显然是被吸住了抽不回来。对这一提问可用电流的生理效应来解释。

触 电

人手触电时，由于电流的刺激，手会由痉挛到麻痹。即使发出抽回手的指令，无奈手已无法执行这一指令了。调查表明，绝大多数触电死亡者，都是手的掌心或手指与掌心的同侧部位触电。刚触电时，手因条件反射而弯曲，而弯曲的方向恰使手不自觉地握住了导线。这样，加长了触电时间，手很快地痉挛以致麻痹。这时即使想到应松开手指、抽回手臂，已不可能，形似被“吸住”了。如若触电时间再长一点，人的中枢神经都已麻痹，此时更不会抽手了。这些过程都是在较短的时间内发生的。

如手的背面触电，对一般的民用电，则不容易导致死亡，有经验的电工为了判断用电器是否漏电而手边又无线电笔，有时就用食指指甲一面去轻触用电器外壳。若漏电，则食指将因条件反向而弯曲，弯曲的方向又恰是脱离用电器的方向。这样，触电时间很短，不致有危险。当然，电压很高，这样做也会发生危险。

人为什么会触电？

人为什么会触电？由于人的身体能传电，大地也能传电，如果人的身体碰到带电的物体，电流就会通过人体传入大地，于是就引起触电。但是，如果人的身体不与大地相连（如穿了绝缘胶鞋或站在干燥的木凳上），电流就不成回路，人就不会触电，正如自来水一样，关了水龙头，水就无法流通。

人触电死亡的原因是：当通过人体的电流超过人能忍受的安全数值时，肺便停止呼吸，心肌失去收缩跳动的功能，导致心脏的心室颤动，“血泵”

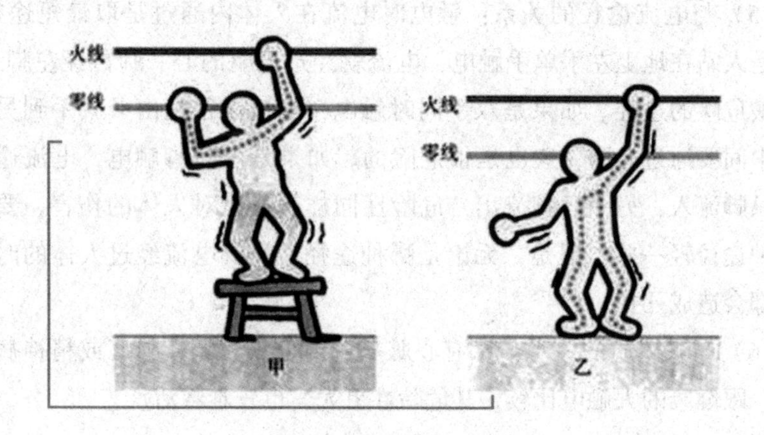

触电原因

不起作用，全身血液循环停止。血液循环停止之后，引起胞组织缺氧，在10～15秒钟内，人便失去知觉；再过几分钟，人的神经细胞开始麻痹，继而死亡。

人触电伤害程度的轻重，与通过人体的电流大小、电压高低、电阻大小、时间长短、电流途经、人的体质状况等有直接关系。

（1）与电流大小的关系：当通过人体的电流为1毫安（即1/1000安培）时，人有针刺感觉；10毫安时，人感到不能忍受；20毫安时，人的肌肉收缩，长久通电会引起死亡；50毫安以上时，即使通电时间很短，也有生命危险。

（2）与电压高低的关系：电压越高越危险。我国规定36伏及以下为安全电压。超过36伏，就有触电死亡的危险。

（3）与电阻大小的关系：电阻越大，电流越难以通过。一般人体的电阻约为10000欧姆，但如果在出汗或手脚湿水时，人体电阻可能降到400欧姆左右，此时触电就很危险。如果赤脚站在稻田或水中，电阻就很小，一旦触电，便会死亡。

（4）与时间长短的关系：触电时间越长，危险性越大。因为触电者无法摆脱电源时，肌肉收缩能力会很快下降，进而心力衰竭，窒息，昏迷休克，乃至死亡。经验证明，对一般低压触电者的抢救工作，如果耽误的时间超过15分钟，便很难救活。

（5）与电流途径的关系：触电时电流在人体内通过是取最短途径的。如要是人站在地上左手单手触电，电流就经过身躯的心、肺再经左脚入地，这是最危险的途径。如果是双手同时触电，电流途径是由一只手到另一只手，中间要通过心肺，这也是很危险的。如果是一只脚触电，电流途径是由这只脚流入，另一只脚流出，危险性同样有，但对人体的伤害，要比以上两种途径轻一些。但是，无论是哪种途径，只要电流经过人体的时间稍长，都会造成死亡。

（6）与人体质的关系：患有心脏病、内分泌失调，肺病或精神病的人触电，跟健康的人触电比较，其危险性更大，也较难救活。

人触电之后如何急救

（1）发现有人触电后，立即切断电源，拉下电闸，或用不导电的竹、木棍将导电体与触电者分开。在未切断电源或触电者未脱离电源时，切不可触摸触电者。

（2）对呼吸和心跳停止者，应立即进行口对口的人工呼吸和心脏胸外挤压，直至呼吸和心跳恢复为止。如呼吸不恢复，人工呼吸至少应坚持4小时或出现尸僵和尸斑时方可放弃抢救。有条件时直接给予氧气吸入更佳。

（3）可在就地抢救的同时，尽快呼叫医务人员或向有关医疗单位求援。

还有使触电人迅速脱离电源。其方法，对低压触电，可采用"拉"、"切"、"挑"、"拽"、"垫"的方法，拉开或切断电源，操作中应注重避免人救护时触电，应使用干燥绝缘的利器或物件，完成切断电源或使触电人与电源隔离。对于高压触电，则应采取通知供电部门，使触电电路停电，或用电压等级相符的绝缘拉杆拉开跌落式熔断器切断电路，或采取使线路短路造成跳闸断开电路的方法。也要注重救护人安全，防止跨步电压触电。触电人在高处触电，要注重防止落下跌伤。在触电人脱离电源后，根据受伤程度迅速送往医院或急救。

试电笔的使用

试电笔测试电压的范围通常在60～500伏之间。

试电笔由笔尖金属体、电阻、氖管、笔身、小窗、弹簧和笔尾的金属体组成。当试电笔测试带电体时，大地构成通路，并且带电体与大地之间的电位差超过一定数值（例如60伏），试电笔之中的氖管就会发光（其电位不论是交流还是直流），这就告诉人们被测物体带电，并且超越了一定的电压强度。

使用试电笔时，人手接触电笔的部位一定在试电笔顶端的金属，而绝对不是试电笔前端的金属探头。使用试电笔要使氖管小窗背光，以便看清

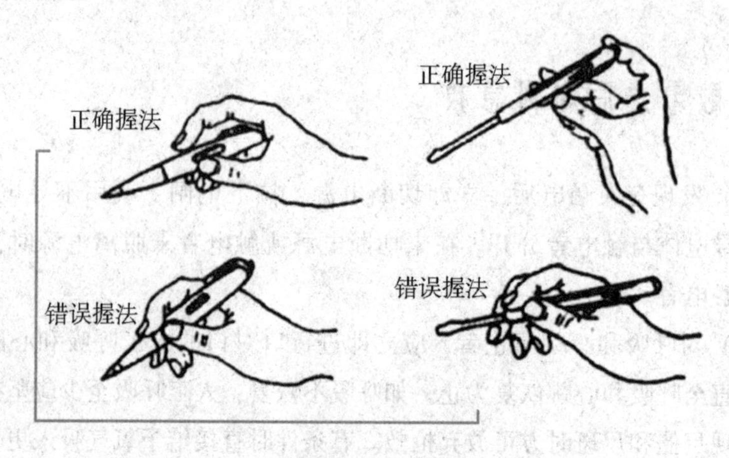

电笔的使用方法

它测出带电体带电时发出的红光。笔握好以后，一般用大拇指和食指触摸顶端金属，用笔尖去接触测试点，并同时观察氖管是否发光。如果试电笔氖管发光微弱，切不可就断定带电体电压不够高，也许是试电笔或带电体测试点有污垢，也可能测试的带电体的地线，这时必须擦干净测电笔或者重新选测试点。反复测试后，氖管仍然不亮或者微亮，才能最后确定测试体确实不带电。

保险丝为什么要用铅丝

保险丝也被称为熔断器。它是一种安装在电路中，保证电路安全运行的电器元件。保险丝的作用是：当电路发生故障或异常时，伴随着电流不断升高，并且升高的电流有可能损坏电路中的某些重要器件或贵重器件，也有可能烧毁电路甚至造成火灾。若电路中正确地安置了保险丝，那么，保险丝就会在电流异常升高到一定的高度和一定的时候，自身熔断切断电流，从而起到保护电路安全运行的作用。最早的保险丝于100多年前由爱迪生发明，由于当时的工业技术不发达，白炽灯很贵重，所以，最初是将它用来保护价格昂贵的白炽灯的。我们都知道，当电流流过导体时，因导体存在一定的电阻，所以导体将会发热。且发热量遵循着这个公式：$Q=0.24I^2RT$；其中Q是发热量，0.24是一个常数，I是流过导体的电流，R是导体的电阻，T是电流流过导体的时间。依此公式我们不难看出保险丝的简单的工作原理了。

现在居民使用高功率用电器的现象非常普及，而一般的电线等导线都有一个固定的熔点。如果居民的用电器功率过高，或者加起来达到一个极限之后，电路里面的电流会增加到一个极限。那么，这个时候电线就会发热，电流越大，发热越大。所以，当我们的电流达到一个极限之后，电线发热会非常大，如果超过一个温度，那电线就会烧燃。最后的现象可想而知，电线点燃之后就非常容易形成火灾。

保险丝铅丝

所以，为了限制使用用电器过多，保险丝能够在电流达到一定之后自动烧断了，这样就会断电，就没有机会出现火灾了。

铅丝的熔点比较低，用电功率大的时候产生的热量较多，铅丝就会融化从而阻断电路，保护电器的安全。

漏电保护器

漏电保护器俗称漏电开关，是用于在电路或电器绝缘受损发生对地短路时防人身触电和电气火灾的保护电器，一般安装于每户配电箱的插座回路上和全楼总配电箱的电源进线上，后者专用于防电气火灾。

其适用范围是交流50赫额定电压380伏，额定电流至250安。低压配电系统中设漏电保护器是防止人身触电事故的有效措施之一，也是防止因漏电引起电气火灾和电气设备损坏事故的技术措施。但安装漏电保护器后并不等于绝对安全，运行中仍应以预防为主，并应同时采取其他防止触电和电气设备损坏事故的技术措施。使用漏电保护器我们要注意以下几项：

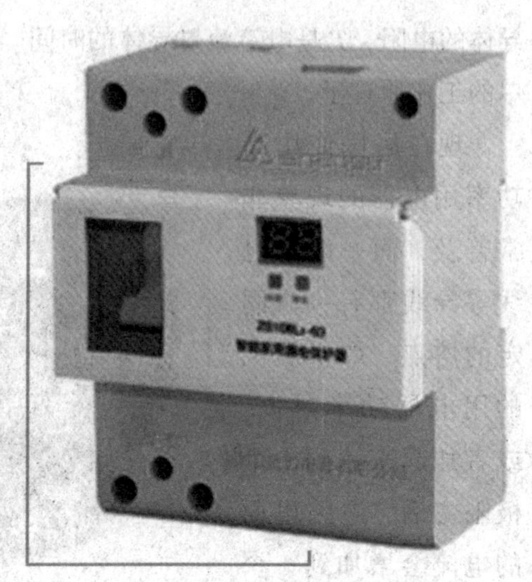

漏电保护器

（1）漏电保护器适用于电源中性点直接接地或经过电阻、电抗接地的低压配电系统。对于电源中性点不接地的系统，则不宜采用漏电保护器。因为后者不能构成泄漏电气回路，即使发生了接地故障，产生了大于或等于漏电保护器的额定动作电流，该保护器也不能及时动作切断电源回路；或者依靠人体接触故障点去构成泄漏电气回路，促使漏电保护器动作，切断电源回路。但是，这对人体仍不安全。显而易见，必须具备接地装置的条件，电气设备发生漏电时，且漏电电流达到动作电流时，就能在0.1秒内立即跳闸，切断了电源主回路。

（2）漏电保护器保护线路的工作中性线N要通过零序电流互感器，否则，在接通后，就会有一个不平衡电流使漏电保护器产生误动作。

（3）接零保护线（PE）不准通过零序电流互感器。保护线路（PE）通过零序电流互感器时，漏电电流经PE保护线又回穿过零序电流互感器，导致电流抵消，而互感器上检测不出漏电电流值，在出现故障时造成漏电保护器不动作，起不到保护作用。

（4）控制回路的工作中性线不能进行重复接地。一方面，重复接地时，在正常工作情况下，工作电流的一部分经由重复接地回到电源中性点，在电流互感器中会出现不平衡电流。当不平衡电流达到一定值时，漏电保护器便产生误动作。另一方面，因故障漏电时，保护线上的漏电电流也可能穿过电流互感器的个性线回到电源中性点，抵消了互感器的漏电电流，而使保护器拒绝动作。

(5) 漏电保护器后面的工作中性线 N 与保护线（PE）不能合并为一体。如果二者合并为一体时，当出现漏电故障或人体触电时，漏电电流经由电流互感器回流，结果又雷同于情况 (3)，造成漏电保护器拒绝动作。

(6) 被保护的用电设备与漏电保护器之间的各线互相不能碰接。如果出现线间相碰或零线间相交接，会立刻破坏了零序平衡电流值，而引起漏电保护器误动作；另外，被保护的用电设备只能并联安装在漏电保护器之后，接线保证正确，也不许将用电设备接在实验按钮的接线处。

废旧电池的回收利用

废旧电池潜在的污染已引起社会各界的广泛关注。我国是世界上头号干电池生产和消费大国，有资料表明，我国目前有 1400 多家电池生产企业，1980 年干电池的生产量已超过美国而跃居世界第一。1998 年我国干电池的生产量达到 140 亿只，而同年世界干电池的总产量约为 300 亿只。

如此庞大的电池数量，使得一个极大的问题暴露出来，那就是如何让这么多的电池不去破坏污染我们生存的环境。据我们调查，废旧电池内含有大量的重金属以及废酸、废碱等电解质溶液。如果随意丢弃，腐败的电

废旧电池

池会破坏我们的水源，侵蚀我们赖以生存的庄稼和土地，我们的生存环境面临着巨大的威胁。如果1节一号电池在地里腐烂，它的有毒物质能使1平方米的土地失去使用价值；扔1粒纽扣电池进水里，它其中所含的有毒物质会造成60万升水体的污染；废旧电池中含有重金属镉、铅、汞、镍、锌、锰等，其中镉、铅、汞是对人体危害较大的物质。而镍、锌等金属虽然在一定浓度范围内是有益物质，但在环境中超过极限，也将对人体造成危害。废旧电池渗出的重金属会造成江、河、湖、海等水体的污染，危及水生物的生存和水资源的利用，间接威胁人类的健康。废酸、废碱等电解质溶液可能污染土地，使土地酸化和盐碱化，这就如同埋在我们身边的一颗定时炸弹。因此，对废旧电池的收集与处置非常重要，如果处置不当，可能对生态环境和人类健康造成严重危害。随意丢弃废旧电池不仅污染环境，也是一种资源浪费。有人算了一笔账，以全国每年生产100亿只电池计算，全年消耗15.6万吨锌，22.6万吨二氧化锰，2080吨铜，2.7万吨氯化锌，7.9万吨氯化铵，4.3万吨碳棒。

国内使用电池现状

国内使用最多的工业电池为铅蓄电池，铅占蓄电池总成本50%以上，主要采用火法、湿法冶金工艺以及固相电解还原技术。外壳为塑料，可以再生，基本实现无二次污染。

小型二次电池目前使用较多的有镍镉、镍氢和锂离子电池，镍镉电池中的镉是环保严格控制的重金属元素之一，锂离子电池中的有机电解质，镍镉、镍氢电池中的碱和制造电池的辅助材料铜等重金属，都构成对环境的污染。小型二次电池目前国内的使用总量只有几亿只，且大多数体积较小，废电池利用价值较低，加上使用分散，绝大部分作生活垃圾处理，其回收存在着成本和管理方面的问题，再生利用也存在一定的技术问题。

民用干电池是目前使用量最大，也是最分散的电池产品，国内年消费80亿只。主要有锌锰和碱性锌锰两大系列，还有少量的锌银、锂电池等品种。锌锰电池、碱性锌锰电池、锌银电池一般都使用汞或汞的化合物作缓蚀剂，汞和汞的化合物是剧毒物质。废电池作为生活垃圾进行焚烧处理时，废电池中的 Hg、Cd、Pb、Zn 等重金属一部分在高温下排入大气，一部分成为灰渣，产生二次污染。

电池回收箱

国际上通行的废旧电池处理方式大致有 3 种：固化深埋、存放于废矿井、回收利用。

固化深埋、存放于废矿井

如法国一家工厂就从中提取镍和镉，再将镍用于炼钢，镉则重新用于生产电池。其余的各类废电池一般都运往专门的有毒、有害垃圾填埋场，但这种做法不仅花费太大而且还造成浪费，因为其中尚有不少可作原料的有用物质。

回收利用

热处理

瑞士有两家专门加工利用旧电池的工厂，巴特列克公司采取的方法是将旧电池磨碎后送往炉内加热，这时可提取挥发出的汞，温度更高时锌也蒸发，它同样是贵重金属。铁和锰熔合后成为炼钢所需的锰铁合金。该工厂一年可加工2000 吨废电池，可获得780 吨锰铁合金、400 吨锌合金及3 吨汞。另一家工厂则是直接从电池中提取铁元素，并将氧化锰、氧化锌、氧化铜和氧化镍等金属混合物作为金属废料直接出售。不过，热处理的方法花费较高，瑞士还规定向每位电池购买者收取少量废电池加工专用费。

“湿处理”

马格德堡近郊区正在兴建一个“湿处理”装置，在这里除铅蓄电池外，各类电池均溶解于硫酸，然后借助离子树脂从溶液中提取各种金属，用这种方式获得的原料比热处理方法纯净，因此在市场上售价更高，而且电池中包含的各种物质有95%都能提取出来。湿处理可省去分拣环节（因为分拣是手工操作，会增加成本）。马格德堡这套装置年加工能力可达7500吨，其成本虽然比填埋方法略高，但贵重原料不致丢弃，也不会污染环境。

真空热处理法

德国阿尔特公司研制的真空热处理法还要便宜，不过这首先需要在废电池中分拣出镍镉电池，废电池在真空中加热，其中汞迅速蒸发，即可将其回收，然后将剩余原料磨碎，用磁体提取金属铁，再从余下粉末中提取镍和锰。这种加工1吨废电池的成本不到1500马克！

如何防止静电

前面我们讲过生活中的静电现象。静电既看不见又摸不着，它附着于物体表面，在与其他物体相互作用时才会释放能量。

当感觉到电击时，人身上的静电电压已超过2000伏；当看到放电火花时，身上的静电电压已经超过3000伏，这时手指会有针刺般的痛感；当听到放电的“啪啪”声音时，身上的静电电压已高达7000~8000伏。

与大多数人相比，一些老年人或体弱者遭遇静电“袭击”时，会产生一种难言的不适感，有的甚至会有酸麻、刺痛、震颤、心慌等感觉，瞬间传遍全身。

医学专家说，持久的静电会使人体血液的碱性升高，血钙减少，尿中钙排泄量增加，对于血钙水平低的患者十分不利。尤其对有心血管系统疾病的老年人来说，静电更易使其病情加重或诱发早搏。从中医角度来说，人体静电太强，是体内隐藏某种病症的先兆，不能不防。呼和浩特市的老

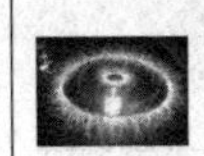

中医王宜明说，静电过强说明人体内津液不足，表现为肾虚症状，光靠喝水补充不了津液，要及早引起重视。那么我们如何防止静电呢？下面给大家推荐几个妙招，不妨试试：

（1）出门前去洗个手，或者先把手放墙上抹一下去除静电，还有尽量不穿化纤的衣服。

（2）为避免静电击打，可用小金属器件（如钥匙）、棉抹布等先碰触大门、门把、水龙头、椅背、床栏等消除静电，再用手触及。

（3）穿全棉的内衣。

（4）准备下车的时候，用右手握住档，然后用手指碰着下面铁的部位，然后开车门，把左手放在车门有铁的位置，但是左手别松，然后把右手放掉，下车，这时候你再用右手抓着门就不会被电到了。

（5）对付静电，我们可以采取“防”和“放”两手。“防”，我们应该尽量选用纯棉制品作为衣物和家居饰物的面料，尽量避免使用化纤地毯和以塑料为表面材料的家具，以防止摩擦起电。尽可能远离诸如电视机、电冰箱之类的电器，以防止感应起电。“放”，就是要增加湿度，使局部的静电容易释放。当你关上电视，离开电脑以后，应该马上洗手洗脸，让皮肤表面上的静电荷在水中释放掉。在冬天，要尽量选用高保湿的化妆品。常用加湿器。有人喜欢在室内饲养观赏鱼和水仙花也是调节室内湿度的一种好方法。

另外，推荐一个经济实用的加湿方法：在暖气下放置一盆水，用一条旧毛巾（或吸水好的布），一头放在水里，一头搭在暖气上，这样一昼夜可以向屋里蒸发大约3升水。如果每个暖气都这样做，整个房间就会感到湿润宜人。

如何防止雷电伤人

闪电总是蜿蜒曲折沿着电阻最小的路径行进。它在空中的路径完全取决于空中的电场和电荷分布，而通常只在离地面十几米至百米高度时，才受到地面状况的影响。

防雷电

一般说来，地面导电性能好，有突出的高大物体等，都易遭受雷击。例如导电性能好的金属矿物地质条件就比一般地质条件更易遭雷击，湿土的遭雷击机会就比干土、沙地和岩石地面要多，水面比旱地易遭雷击，高楼、烟囱这些突出建筑物就比平地易遭雷击，山地就比谷地易遭雷击。雷电天气时要注意防护，除提前采取避雷措施外，还应注意以下几点：

(1) 尽量不要呆在户外。如果从事户外工作应立即停止，尤其不要到河流湖泊边钓鱼、游泳、划船，要尽可能撤离到安全地带，且不要奔跑或快速骑行。

(2) 雷电时在室外，应保持情绪稳定，冷静地观察周围环境并迅速采取应对措施。如正在空旷地带一时无处躲避，应尽量降低自身高度并减少人体与地面的接触面，或者双脚并拢蹲下，头伏在膝盖上，但不要跪下或卧倒；雷电发生时不要把铁器扛在肩上高于身体；远离铁栏铁桥等金属物体及电线杆；不要呆在山顶、楼顶等制高点上；躲避雷雨不要选择大树下及高楼旁，一般可适当选择一处建筑物或者就近到洞穴、沟渠、峡谷等处暂时栖身。

（3）雷雨到来之前要拔掉所有电器插头，关闭室外天线，关好门窗。雷雨中不要看电视，不要使用电脑、电话、电吹风机、电动剃须刀和淋浴器；不要去开自来水或摸暖气管；不要收晒衣绳（尤其是铁丝）上的衣物。

雷电预防

雷击急救

遭雷击不一定致命。许多人都曾逃过大难，只感到触电和遭受轻微烧伤而已。也有人遭雷击可能导致骨折（因触电引起肌肉痉挛所致），严重烧伤和其他外伤。

雷电伤人是经常发生的，如不躲避或避雷措施不当就会遭受很大威胁。据报道，在瑞士，每百万人口当中，每年约有 10 人遭受雷击；而美国，每年死于雷击事故的人数比死于飓风的人还多；在日本，1968 年竟发生一起闪电击毙 11 名儿童的事故。因此，我们有必要懂得防雷的具体措施及遭雷击后的抢救方法。

雷电伤人主要是强大的雷电电流的作用。它对人体的主要危险往往不是灼伤。如果雷电击中头部，并且通过躯体传到地面，会使人的神经和心脏麻痹，就很可能致命。人受雷电电流冲击后，心脏不是停止跳动，就是跳动速率极不规则，发生颤动。这两种情况都使血液循环中止，造成脑神经损伤，人在几分钟内就可以死亡。遭雷击后抢救及时还是有可能复活的。有时即使感受不到受害者的呼吸和脉搏，也不一定意味着“死亡”。如能及时抢救（如人工呼吸），往往还能使“死者”恢复心跳和呼吸。此外，雷击可能使伤者的衣服着火，也可能会熔化伤者的金属饰物和表带。

当人体被雷击中后，往往会觉得遭雷击的人身上还有电，不敢抢救而延误了救援时间，其实这种观念是错误的。如果出现了因雷击昏倒而“假死”的状态时，可以采取如下的救护方法：如果触电者昏迷，把他安置成卧式，使他保持温暖、舒适，立即施行触电急救、人工呼吸是十分必要的。

雷电急救

（1）进行口对口人工呼吸。雷击后进行人工呼吸的时间越早，对伤者的身体恢复越好，因为人脑缺氧时间超过十几分钟就会有致命危险。如果能在 4 分钟内以心肺复苏法进行抢救，让心脏恢复跳动，可能还来得及救活。

（2）对伤者进行心脏按摩，并迅速通知医院进行抢救处理。如果遇到一群人被闪电击中，那些会发出呻吟的人不要紧，应先抢救那些已无法发出声息的人。

（3）如果伤者衣服着火，马上让他躺下，使火焰不致烧及面部。不然，伤者可能死于缺氧或烧伤。也可往伤者身上泼水，或者用厚外衣、毯子把伤者裹住以扑灭火焰。伤者切勿因惊慌而奔跑，这样会使火越烧越旺，可在地上翻滚以扑灭火焰，或趴在有水的洼地、池中熄灭火焰。用冷水冷却伤处，然后盖上敷料，例如用折好的手帕清洁并盖在伤口上，再用干净布块包扎。

如何防止电气火灾事故，发生火灾后怎么办

首先，在安装电气设备的时候，必须保证质量，并应满足安全防火的各项要求。要用合格的电气设备，破损的开关、灯头和破损的电线都不能使用，电线的接头要按规定连接法牢靠连接，并用绝缘胶带包好。对接线

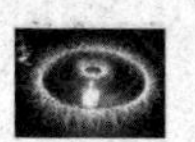

桩头、端子的接线要拧紧螺丝，防止因接线松动而造成接触不良。电工安装好设备后，并不意味着可以一劳永逸了，用户在使用过程中，如发现灯头、插座接线松动（特别是移动电器插头接线容易松动），接触不良或有过热现象，要找电工及时处理。

其次，不要在低压线路和开关、插座、熔断器附近放置油类、棉花、木屑、木材等易染物品。

电气火灾前，都有一种前兆，要特别引起重视，就是电线因过热首先会烧焦绝缘外皮，散发出一种烧胶皮、烧塑料的难闻气味。所以，当闻到此气味时，应首先想到可能是电气方面原因引起的，如查不到其他原因，应立即拉闸停电，直到查明原因，妥善处理后，才能合闸送电。

万一发生了火灾，不管是否是电气方面引起的，首先要想办法迅速切断火灾范围内的电源。因为，如果火灾是电气方面引起的，切断了电源，也就切断了起火的火源；如果火灾不是电气方面引起的，也会烧坏电线的绝缘，若不切断电源，烧坏的电线会造成碰线短路，引起更大范围的电线着火。发生电气火灾后，应使用盖土、盖沙或灭火器，但绝不能使用泡沫灭火器，因此种灭火剂是导电的。

我国的电力事业

我国古代对电的认识

我国古代对电的认识，是从雷电及摩擦起电现象开始的。早在3000多年前的殷商时期，甲骨文中就有了“雷”及“电”的形声字。西周初期，在青铜器上就已经出现加雨字偏旁的“電”字。

王充在《论衡·雷虚篇》中写道：“云雨至则雷电击”，明确地提出云与雷电之间的关系。在其后的古代典籍中，关于雷电及其灾害的记述十分丰富，其中尤以明代张居正（1525～1582年）关于球形闪电的记载最为精彩，他在细致入微的观察的基础上，详细地记述了闪电火球大小、形状、颜色、出现的时间等，留下了可靠而宝贵的文字资料。

刘基像

在细致观察的同时，人们也在探讨雷电的成因。《淮南子·坠形训》认为，“阴阳相薄为雷，激扬为电”，即雷电是阴阳两气对立的产物。王充也持类似看法。明代刘基(1311~1375年）说得更为明确：“雷者，天气之郁而激而发也。阳气困于阴，必迫，迫极而迸，迸而声为雷，光为电。”可见，当时已有人认识到雷电是同一自然现象的不同表现。

尖端放电也是一种常见的电现象。古代兵器多为长矛、剑、戟，而矛、戟锋刃尖利，常常可导致尖端放电发生，因这一现象多有记述。如《汉书·西域记》中就有“元始中（3年）……矛端生火”，晋代《搜神记》中也有相同记述：“戟锋皆有火光，遥望如悬烛。”

搜神记

避雷针是尖端放电的具体应用，我国古代人采用各种措施防雷。古塔的尖顶多涂金属膜或鎏金，高大建筑物的瓦饰制成动物形状且冲天装设，都起到了避雷作用。如武当山主峰峰顶矗立着一座金殿，至今已有500多年历史，虽高耸于峰巅却从没有受过雷击。金殿是一座全铜建筑，顶部设计十分精巧。除脊饰之外，曲率均不太大，这样的脊饰就起到了避雷针作用。每当雷雨时节，云层与金殿之间存在巨大电势差，通过脊饰放电产生电弧，电弧使空气急剧膨胀，电弧变形如硕大火球。其时雷声惊天动地，闪电激绕如金蛇狂舞，硕大火球在金殿顶部激跃翻滚，蔚为壮观。雷雨过后，金殿经过水与火的洗练，变得更为金光灿灿。如此巧妙的避雷措施，令人叹为观止。

我国古人还通过仔细观察，准确地记述了雷电对不同物质的作用。《南齐书》中有对雷击的详细记述：“雷震会稽山阴恒山保林寺，刹上四破，电火烧塔下佛面，而窗户不异也。”即强大的放电电流通过佛面的金属膜，金属被熔化。而窗户为木制，仍保持原样。沈括在《梦溪笔谈》中对类似现象叙述更为详尽："内侍李舜举家，曾为暴雷所震。其堂之西室，雷火自窗间出，赫然出檐。人以为堂屋已焚，皆出避之。及雷止，其舍宛然。墙壁窗纸皆黔。有一木格，其中杂贮诸器，其漆器银者，银悉熔流在地，漆器曾不焦灼。有一宝刀，极坚钢（刚），就刀室中熔为汁，而室亦俨然。人必谓火当先焚草木，然后流金石。今乃金石皆铄，而草木无一毁者，非人情所测也。"其实，只因漆器、刀室是绝缘体，宝刀、银扣是导体，才有这一现象发生。

在我国，摩擦起电现象的记述颇丰，其常用材料早期多为琥珀及玳瑁。早在西汉，《春秋纬》中就载有"瑇瑁（玳瑁）吸 褚（细小物体）"。《论衡》中也有"顿牟掇芥"，这里的顿牟也是指玳瑁。三国时的虞翻，少年时曾听说"虎魄不取腐芥"。腐芥因含水分，已成为导体，所以不被带电琥珀吸引。琥珀价格昂贵，常有人鱼目混珠。南朝陶弘景则知道"惟以手心摩热拾芥为真"，以此作为识别真假琥珀的标准。南北朝时的雷敩在《炮炙论》中有"琥珀如血色，以布拭热，吸得芥子者真也"。他一改别人以手摩擦为用布摩擦，静电吸引力大大增加。西晋张华（232～300 年）记述了梳子与丝绸摩擦起电引起的放电及发声现象："今人梳头，脱著衣时，有随梳、解结有光者，亦有咤声。"唐代段成式描述了黑暗中摩擦黑猫皮起电："猫黑者，暗中逆循其毛，即若火星。"摩擦起电也有具体应用。据宋代的张邦基《墨庄漫录》记载：孔雀毛扎成的翠羽帚可以吸引龙脑（可制香料的有机化合物碎屑）。"皇宫中每幸诸阁，掷龙脑以辟（避）秽。过则以翠羽扫之，皆聚，无有遗者。"关于摩擦起电的记载还很多。

近代电学正是在对雷电及摩擦起电的大量记载和认识的基础上发展起来的，我国古代学者对电的研究，大大地丰富了人们对电的认识。

世界上最伟大发电工程——三峡工程

三峡工程全称为长江三峡水利枢纽工程。整个工程包括一座混凝重力式大坝，泄水闸，一座堤后式水电站，一座永久性通航船闸和一架升船机。

三峡工程建筑由大坝、水电站厂房和通航建筑物三大部分组成。大坝坝顶总长 3035 米，坝高 185 米，水电站左岸设 14 台、左岸 12 台，共有电机 26 台，前排容量为 70 万千瓦的小轮发电机组，总装机容量为 1820 千瓦时，年发电量 847 亿千瓦时。通航建筑物位于左岸，永久通航建筑物为双线五包连续级船闸及早线一级垂直升船机。

三峡工程分 3 期，总工期 18 年。一期 5 年（1992～1997 年），主要工程除准备工程外，主要进行一期围堰填筑，导流明渠开挖。修筑混凝土纵向围堰，以及修建左岸临时船闸（120 米高），并开始修建左岸永久船闸、升爬机及左岸部分石坝段的施工。

一期工程已于 1997 年 11 月大江截流后完成，长江水位从原来的 68 米提高到 88 米。已建成的导流明渠，可承受最大水流量为 2 万立方米/秒，长江水运、航运不会因此受到很大影响。可以保证第一期工程施工期间不断航。

二期工程 6 年（1988～2003 年），工程主要任务是修筑二期围堰，左岸大坝的电站设施建设及机组安装，同时继续进行并完成永久特级船闸，升

三峡航拍

船机的施工，2003 年 6 月，大坝蓄水至 35 米高，围水至长江万县市境内。张飞庙被淹没，长江三峡的激流险滩再也见不到，水面平缓，三峡内江段将无上、下水之分。永久通航建成启用，同年左岸第一机组发电。

三期工程 6 年（2003 ~ 2009 年）。本期进行的右岸大坝和电站的施工，并继续完成全部机组安装。届时，三峡水库将是一座长 600 千米，最宽处达 2000 米，面积达 10000 平方千米，水面平静的峡谷型水库。水库平均水深将比现在增加 10 ~ 100 米。最终正常冬季蓄水水位为海拔 175 米，夏季考虑防洪，海拔可以在 145 米左右，每年将有近 30 米的升降变化，水库蓄水后，坝前水位提高近 100 米，其中有些风景和名胜古迹会受一些影响。二期工程结束，张飞庙将被淹没：2006 年水位提高到 156 米，秭归屈原祠的山门将被淹没；2009 年大坝竣工，再经过 3 年时间，即到 2012 年，最终坝上水位海拔高度将达 175 米，水位实际提升 110 米，回水将上溯 650 千米，直至重庆境内，现有的旅游景点基本可保存到 2003 年二期工程结束。2009 年整个工程完成，区内人文和自然景观将有 39 处被全部或部分淹没，约占库区旅游景点的 30%，应该说有影响，但影响不大。巫峡与瞿塘峡二区由于相对海拔较高，水位只提升 80 多米，两岸的群峰陡壁海拔均在几百米乃至千米以上，除部分古栈道和溶洞将没于水中外，其他均无太大变化。只有西陵峡区两段的兵书宝剑峡和牛肝马肺峡被淹没。而东段处于两坝之间的黄牛峡和灯影峡则依然存在，因此，举世闻名的三峡区段中“神女”依秀，“夔门”仍雄，虽然少量峡景山色将消失，但由于回水上升，同时也会营造近百处新的景观。白帝城和石宝寨分别成为白帝岛、石宝岛。许多长江支流形成各种旅游资源等待我们去开发和利用。三峡大坝截流，三峡景观依旧。今后行驶在三峡线上的游船可建造得更大，游船的平稳舒适性增强，长江旅游业重心会有所变化，线路、旅程将含多种多样，现有的格局将发生巨大的变化。可能人们不会再为上水下水的优缺点烦恼，游船公司也不含制定上下水的游船差价。以三峡大坝为中心的黄金旅游区将变成长江旅游的一颗璀璨的明珠。

长江三峡水利枢纽，是当今世界上最大的水利枢纽工程。1994 年 6 月，由美国发展理事会（WDC）主持，在西班牙第二大城市巴塞罗那召开的全

长江水通过三峡

球超级工程会议上，被列为全球超级工程之一。放眼世界，从大海深处到茫茫太空，人类征服自然、改造自然的壮举中有许多规模宏大技术高超的工程杰作。但三峡工程在工程规模、科学技术和综合利用效益等许多方面都堪为世界级工程的前列。她不仅将为我国带来巨大的经济效益，还将为世界水利水电技术和有关科技的发展做出有益的贡献。

也正因为三峡是一个巨大的水资源宝库，她的开发对国家的建设具有重大的战略意义，所以从孙中山到毛泽东、周恩来、邓小平和江泽民，凡是涉及长江治理开发和我国经济建设问题时，都对三峡工程表现了浓厚的兴趣，给予积极支持。

为了兴建三峡工程，从20世纪20年代至今的80余年里，我国几代科技人员进行了长期的研究，倾注了大量心血，现在终于迎来了完工。

1958年毛泽东同志视察三峡

由于三峡工程涉及面广，规模

浩大，又有许多复杂的技术问题，因而引起了社会各界广泛的关注。在全国上下一片支持声中，也有表示反对的；有的则对大坝的安全问题、社会环境与生态环境的影响问题等还有种种疑虑。对于这一关系到国家民族和子孙后代的重大工程建设，提出不同的看法和意见，这对三峡工程研究的深入和优化，无疑是有益的。

随着三峡电站的建成，长江水电资源将得到有效的开发利用。三峡电站共有单机70万千瓦的机组26台，总装机量1820万千瓦，年发电847亿千瓦时，相当于6个半葛洲坝电站和10个大亚湾核电站，每年为全国人均提供70千瓦时电。电站单机容量、总装机容量、年发电量都堪称世界第一。

大江截流后6年内，三峡电站首批机组就投入发电。到2009年全部机组发电后，三峡电站向华东、华中、川东供电，并与华北、华南联网，成为中国电力布局的“中枢”。

不仅如此，与火电相比，三峡电站等于省了10个500万吨的大型煤矿，如果加上运输专用线、电厂、供水、污染处理、煤渣运输等投资费用，效益更为可观。与此同时，三峡电站建成后每年减少5000万吨煤炭运量，大大减轻煤对交通运输的压力。

三峡工程开创了很多项世界之最：

（1）世界上防洪效益最为显著的水利工程。三峡水库总库容393亿立方米，防洪库容221.5亿立方米，水库调洪可消减洪峰流量达2.7万~3.3万立方米/秒，能有效控制长江上游洪水，保护长江中下游荆江地区1500万人口、2300万亩土地。

（2）世界上最大的电站。三峡水电站总装机1820万千瓦，年发电量846.8亿千瓦。

（3）世界上建筑规模最大的水利工程。三峡大坝坝轴线全长2309.47米，泄流坝段长483米，水电站机组70万千瓦×26台，双线5级船闸+升船机，无论单项、总体都是世界上建筑规模最大的水利工程。

（4）世界工程量最大的水利工程。三峡工程主体建筑物土石方挖填量约1.34亿立方米，混凝土浇筑量2794万立方米，钢筋制安46.30万吨，金结制安25.65万吨。

三峡泄洪

（5）世界施工难度最大的水利工程。三峡工程2000年混凝土浇筑量为548.17万立方米，月浇筑量最高达55万立方米，创造了混凝土浇筑的世界纪录。

（6）施工期流量最大的水利工程。三峡工程截流流量9010立方米/秒，施工导流最大洪峰流量79000立方米/秒。

（7）世界泄洪能力最大的泄洪闸。三峡工程泄洪闸最大泄洪能力10.25万立方米/秒。

（8）世界上级数最多、总水头最高的内河船闸。三峡工程永久船闸为双线五级连续梯级船闸、总水头113米，被誉为“长江第四峡”。其单级船闸长280米，宽34米，坎上水深5米，可通过万吨级船队。

货船通过三峡船闸

（9）世界规模最大、难度最高的升船机。三峡工程升船机的有效尺寸为 120 米 ×18 米 ×3.5 米，最大升程 113 米，船箱带水重量达 11800 吨，过船吨位 3000 吨，是世界上规模最大、难度最高的升船机。

（10）世界水库移民最多、工作最为艰巨的移民建设工程。三峡工程水库动态移民最终可达 113 万人，搬迁 2 座城市、11 座县城、114 个集镇。

我国第一座水电站——新安江水电站

1956 年 7 月中国第一座自行设计、自制设备、自行施工的大型水电站——浙江新安江水力发电站开工建设，1960 年完工。新安江水电站位于建德县铜官峡谷中，控制流域面积 10442 平方千米，占新安江流域面积的 89.4%。水库具有多年调节性能，设计正常高水位 108 米，相应面积 580 平方千米，相应库容 178.4 亿立方米；校核洪水位 114 米，相应库容 216.26 亿立方米（1985 年 9 月第一版《中国水力发电年鉴》和 1991 年 3 月第一版《中国水利百科全书》该水库总库容为 220 亿立方米）。

电站设计水头 73 米，最大利用水头 84.3 米，安装机组 9 台，总容量

新安江水电站

66.25 万千瓦，多年平均年发电量 18.6 亿千瓦时。

电站枢组包括拦江大坝、发电厂房、升压开关站及过坝设施等。大坝坝型为国内首座混凝土宽缝重力坝，位于铜官峡谷上段两个大断层之间，岸坡陡峻，气势雄伟；坝顶高程 115 米，最大坝高 105 米，是当时国内第一座百米以上高坝；坝顶全长 466.5 米，坝顶中部溢流段长 173 米，9 孔，每孔净宽 13 米，采用上下双扇平板式钢闸门，堰顶高程 99 米，最大泄流量 1.4 万立方米/秒。

新安江水电站

发电厂房在大坝溢流段之后，为国内自制的反击式水轮发电机组。其中第 3、4、5、6、9 号机组单机容量为 7.25 万千瓦，第 1、2、7、8 号机组为 7.5 万千瓦，而第 9 号机组为双水内冷新型机组，是国家发展巨型水轮发电机组的重大科学试验项目；每台机组隔有一个进水口、一条直径 5.2 米的输水钢管。

副厂房在主厂房与坝体之间，长 215.4 米，最大宽度 15.91 米，内有中央控制室、载波室厂用配电装置等。尾水平台在主厂房下游一侧墙外，高程 33.75 米，宽 7.85 米，设置尾水闸门及启毕设施。平台两端与两岸进厂公路相衔接。进厂铁路直接通主厂房装配间。升压开关站设在大坝下游约 150 米的右岸山坡上以高程 70 米、88 米两极平台布置，安装变压器 9 台；发电机母线通过电缆层、母线层，经母线廊道联至坝顶主变压器和联络变压器，然后接至开关站。

过坝设施，原设计在左岸设计上游直升、下游斜坡式举船机，后该设绕坝铁路、公路各一条，位于右岸，均通至建德县岭后的水库边，与水库水运相衔接。新安江水电站以发电为主，兼有防洪、航运、水产、供水、

新安江水电站

旅游等综合效益。电站投产以来，经济效益和社会效益十分显著。

我国第一座核电站——秦山核电站

我国第一座自行设计建造的核电站是秦山核电站，位于浙江省海盐县杭州湾口岸，第一期工程发电能力为30万千瓦。

核电站是利用核能（原子核在发生变化时释放出来的能量）来发电的电站，其最主要的设备是反应堆。堆的冷却剂把裂变的能量（热能）带出来，在一个庞大的蒸气发生器里将热能传给水，产生高温蒸气，而自己再被循环送回反应堆中，这叫一回路系统，又叫核供气系统。蒸发器产生的高温高压蒸气则去驱动汽轮发电机发电，这叫二回路系统，又叫发电机系统。

秦山核电站分成一回路系统、二回路系统、三回路系统等3个独立的回路系统进行工作。其中，第二回路系统用过的蒸气排入冷凝器后，用第三

秦山核电站

回路系统循环冷却的海水将排气的余热带走，排气重新凝成水，再用冷凝水泵把它输送回蒸气发生器，重新受热变成蒸气，如此循环不息。

秦山核电站有完备的安防设施，安全可靠。它的经济效益相当高。按设计计算，秦山核电站每年只消耗十几吨低浓度的核燃料。如果烧煤，每年则需要100多万吨，平均每天消耗几千吨。此外，它的维护费用也比火电站低得多。

秦山核电站全貌

秦山核电站1985年3月开始浇灌第一罐混凝土，到1989年2月，一期工程已进入设备安装阶段，于1991年6月并网发电，从而结束我国大陆无核电的历史。

水流驯服成电流——我国的水电事业

在河北省平山县境内，有一个小水电站，叫沕沕水水电站。提起它，可能很少有人知道，但它却是中国共产党领导下建设的全国第一座水力发电工程。

1947 年，晋察冀边区政府决定利用沕沕水村的一处瀑布建水电站。工程于 1947 年 6 月 21 日动工，1948 年 1 月 25 日建成发电。发电机是缴获的德国老式发电机，装机容量 194 千伏安。水轮机是当时制造的。据记载，当年兴建这座水电站从材料到施工都遇到许多今天难以想象的困难。沕沕水水电站建成后，向周围的几座兵工厂供电，使兵工厂产量大增，支援了解放战争。这个水电站还曾担负 1948 年 7 月召开的中共七届二中全会会场供电任务。

沕沕水水电厂旧址

沕沕水水电站可算是新中国水电建设的一个前奏。我国是水力资源十分丰富的国家。据全国第五次水能资源普查，单站装机 1 万千瓦以上的水电站站址就有 1946 处，共计装机容量可达 3.57 亿千瓦，平均年发电量可达 18200 亿千瓦时。然而在旧中国，水电几乎是空白。1949 年，全国水电装机容量仅 16.3 万千瓦，占电力装机容量的 8.8%，主要是小水电和日本侵略者在东北建的一些水电站。当年水电发电量 7 亿千瓦时，占总发电量的 16.3%。

新中国成立后，政府即着手恢复遭战争破坏的水电站。1950 ~ 1957 年，我国扩建、改建了吉林省丰满水电站和四川省龙溪河、福建省古田溪梯级水电站，还兴建了一批中小型水电站，如狮子滩、古田一级、上犹江、官厅、佛子岭等水电站，开工了黄坛口、流溪河、大伙房、梅滩、响洪甸等水电站。在这一时期，我国初步组建起一支水电规划、勘测、科研、设计、施工队伍，并进行了建国后首次水能资源普查。

“二五”时期，除续建“一五”期间的工程外，我国新开工了盐锅峡、青铜峡、柘溪、西津、丹江口、新丰江、云丰、刘家峡等一批大型水电站，并对以礼河、猫跳河等中等河流进行了梯级开发。还配合当时的大规模水利建设，开工了一批中型水电站。由于大规模建设战线过长，1963～1965年，国家对水电建设进行调整，一批水电站停建缓建。

但在1958～1965年这一个时期，水电建设的成就还是不小的。这一时期完成了盐锅峡、柘溪、新丰江、西津等大型水电站的建设，并建成了我国第一座自行设计、自行施工建设的大型水电站新安江水电站，为我国水电建设积累了宝贵的经验。

1966～1976年十年动乱期间，我国水电科研、规划、勘测、设计机构大多被解散，人员下放，资料丢失，使水电建设受害不浅。由于前一阶段开工的项目在这一时期陆续竣工，这10年中水电装机容量仍保持迅速增长势头，但水电建设周期却大大延长，在建规模也大大缩小，影响了水电建设的后劲。这一阶段新开工的水电站有葛洲坝、龙羊峡、龚嘴、白山等，基本建成的有丹江口、三门峡、刘家峡、龚嘴、青铜峡、碧口、富春江等水电站。这一阶段的成就之一是成功地建成了坝高129米的湖南镇水电站梯形重力坝。在建设刘家峡水电站的过程中，解决了高147米的混凝土大坝结构抗震问题和流速达40米/秒的泄洪设施问题；建成了我国第一条330千伏超高压输电线路。

改革开放以来，我国的科技事业蓬勃发展，科技实力持续增强，创新型国家建设进展良好，自主创新能力稳步提高，取得了一系列举世瞩目的科研成果，有力地推进了高技术产业的发展和国际竞争力的提高。30年来，我国水电机电装备有了显著的进步，前后经历了刘家峡、龙羊峡、岩滩、广蓄等一批单机容量30万千瓦级型机组投入运行后，单机容量40万千瓦的李家峡，单机容量55万千瓦的二滩，特别是30多台单机容量70

葛洲坝水电站

万千瓦的三峡、龙滩机组顺利投产；正在建设中的溪洛渡、向家坝、拉西瓦、白鹤滩、乌东德等电站，单机容量从70万千瓦向着80万千瓦乃至100万千瓦机组发展，在遵循自主创新的战略方针下，我国大型水电机组的制造能力和水平正逐步达到世界先进水平。三峡工程左右岸共26台发电机组中有8台是拥有自主知识产权的全国产化机组，正是通过“技术转让、消化吸收、自主创新”这三步，通过三峡工程建设，我国大型水电机电装备制造业仅用了短短7年的时间，实现了30年的大跨越，标志着我国自主设计、制造、安装特大型水轮发电机组的时代开始到来。目前，我国已建单机容量50万千瓦及以上机组32台，在建109台，已建在建数量均居世界前列。

经过30多年的努力，大型混流、轴流和冲击式水轮机关键技术开发和国产化进程上，已经取得了单机最大容量840兆伏安、推力轴承负荷达55000千牛转轮直径10.6米的三峡混流式机组；最大水头109.2米、单机

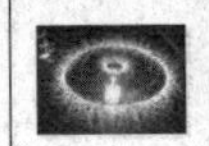

三　峡

最大出力 61 万千瓦、空冷每极容量达 14.57 兆伏安、转轮直径 6.247 米的二滩混流机组；最大水头 57.8 米、单机容量 20 万千瓦、转轮直径 8 米、推力负荷 41000 千牛，是世界最大、水头最高的水口轴流机组；最大水头 637.2 米、额定容童 12 万千瓦、转轮直径 2.6 米的冶勒冲击式机组；采用具有我国自主知识产权蒸发冷却方式、单机容量 40 万千瓦的李家峡机组等水电机组国产化的巨大成就。在贯流灯泡水电机组的国产化开发方面，达到了水头 3 ~ 16 米、单机容量 4 万 ~ 6 万千瓦的制造水平。

我国抽水蓄能电站起步于 20 世纪 60 年代末，改革开放后的 80 年代末开始进入大规模建设阶段，至 2007 年底已建成抽水蓄能电站 17 座，装机容量 894.5 万千瓦，在建 11 座，装机容量 1216 万千瓦。已建成投产的广蓄一二期共 240 万千瓦装机容量、535 米水头为世界第一抽水蓄能电站，在建的西龙池抽水蓄能总装机容量 120 万千瓦、额定水头 640 米，惠州抽水蓄能总装机容量 240 万千瓦、额定水头 517.4 米，我国抽水蓄能电站建设已进入大容量、高水头、高扬程的时代。国家有关部门对抽水蓄能机组国产化问题给予了高度重视，决定走“三峡大机组国产化模式”，依托宝泉、惠州、白莲河三座电站16台30万千瓦可逆水泵水轮机组捆绑一起引进、合作设计和制造，通过专利转让来实现我国机组的国产化。为了巩固技术和促进创新潜力的发挥，国家还以蒲石河、桓仁、深圳、呼和浩特、仙游和黑麋峰等6个抽水蓄能电站为装备国产化机组的后续依托工程，以保障大型抽水蓄能机组和主辅机设备国产化任务的顺利完成。

我国第一座地热发电站——西藏羊八井地热发电

羊八井位于西藏拉萨市西北91.8千米的当雄县境内。热田地势平坦，海拔4300米，南北两侧的山峰均在海拔5500～6000米以上，山峰发育着现代冰川，藏布曲河流经热田，河水温度年平均为5℃，当地年平均气温2.5℃，大气压力年平均为0.06兆。附近一带经济以牧业为主，兼有少量农业，原无电力供应，青藏、中尼两条公路干线分别从热田的东部和北部通过，交通尚为方便。

1975年以来，水电和地矿等部门进行了大量的考察和勘探工作，曾用小钻取样，在羊八井钻探5～6米，就获得了法、磁法、重力测量法、大地电磁等地球物理勘探方法，并以卫星测量资料为补充分析资料。按照推算方法，圈定该热田热储面积为14.7平方千米，天然热流量为10万～12万千卡/秒（1千卡=4.18千焦）。经勘探证实，浅层地下400～500米深，地下热水的最高温度为172℃。几年来，地质队进行了大量的钻探工作，获得平均井口热水温度超过145℃。在不断丰富地质资料的基础上，1977年10月羊八井地热田建起了第一台

羊八井地热

1000 千瓦的地热发电试验机组。经过几年的运行试验，不断改进，又于 1981 年和 1982 年建起了二台 3000 千瓦的发电机组，1985 年 7 月再投入第四台 3000 千瓦的机组，电站总装机容量已达 10000 千瓦。

羊八井地热发电是采用二级扩容循环和混压式汽轮机，热水进口温度为 145℃。羊八井地热田在我国算是高温型，但在世界地热发电中，其压力和温度都比较低，而且热水中含有大量的碳酸钙和其他矿物质，结垢和防腐问题比较大。因此实现经济合理的发电具有一定的技术难度。通过试验，解决了以下几个主要问题：

单相汽、水分别输送，用两条母管把各地热井汇集的热水和蒸汽输送到电站，充分利用了热田蒸汽，比单用热水发电提高发电能力 1/3。

汽、水两相输送，用一条管道输送汽、水混合物，不在井口设置扩容器。减少压降，节约能量。

克服结垢，采用机械通井与井内注入阻垢剂相结合的办法。利用空心通井器，可以通井不停机。选用常州胜利化工厂生产的 ATMT 阻垢剂，阻垢效率达 90%，费用比进口阻垢剂大为降低。

进行了热排水回灌试验。羊八井的地热水中含有硫、汞、砷、氟等多种有害元素，地热发电后大量的热排水直接排入藏布曲河将是不允许的。经过 238 小时的回灌试验，热排水向地下口湾能力达每小时 100 ~ 124 吨。

该电站自发电以来，据统计，供应了拉萨地区用电量的 50% 左右，对缓和拉萨地区供电紧张的状况起了很大作用，尤其是二三季度水量丰富时靠水力发电，一、四季度靠地热发电，能源互补，效果良好。以拉萨现有水电、油电和地热电三类电站对比，每千瓦小时价格（按 1990 年不变价格）为：水电 0. 08 元；油电 0. 58 元；地热电 0. 12 元。由于高寒气候，水电年运行不超过 3000 小时。因此，地热电在藏南地区具有较强的竞争能力。

地热能的输送、防垢问题的解决和热排水的回灌是地热发电的先决条件。这些问题的得到解决，预示着西藏地热能开发利用的美好前景。

我国的火电事业

这是我国的能源资源构成及对电力迫切需求的国情所决定的。那么，火电发展中应该遵守一些什么原则呢？

以煤代油，压缩烧油

目前我国火力发电主要是燃煤发电。1988 年火力发电燃料构成是：煤占 85%；石油占 13%；气体燃料占 2%。由于我国已探明的石油、天然气储量较少，压缩烧油、以煤代油已是我国既定的能源政策。今后，我国火力发电能源结构中油、气所占比例还将进一步降低。

我国火力发电的能源构成曾经发生过几次变故。50 ~ 60 年代，我国建设的火电机组基本上都是以煤为燃料，煤电长期占绝对优势。70 年代初期，我国煤炭产量一度出现徘徊和下降，供应不足，而周期由于一批大油田的开发，石油产量有较快增长，为了使电力生产正常发展，我国在此期间建设了一批燃油电厂，同时还把一部分原设计燃煤的火电厂改为燃油电厂。到了 70 年代末 80 年代初，我国在油产量出现长达数年的徘徊，就不再建设新的燃油电厂。为了尽量减少发电燃油，原设计燃油的 640 万千瓦机组中，部分由新建的燃煤机组代替；原设计燃煤后改为燃油的 580 万千瓦机组，又重新改回燃煤。

火电厂

今后，除受煤炭运输制约严重、又缺乏水电资源的沿海地区外，我国一般不再建设燃油电厂。

矿口电厂与煤电联营

我们知道，我国煤炭资源分布极不均衡，主要集中在山西、陕西、内蒙古、贵州、新疆、宁夏等省区，发电用动力煤则主要集中在内蒙古、山西、陕西等省区。而经济发达、用电集中的东部沿海地区则缺少煤炭资源。长期以来，我国一直是远距离西煤东调。随着经济发展加快，东部地区对电力的需求与日俱增，交通运输尤其是铁路运输压力越来越大，已达到负荷极限。而建设矿口电厂，变西煤东运为西电东调，就能有效地缓解这一问题，可使铁路腾出运力运输其他物资。

从世界各国的情况看，发达国家都十分重视建设矿口电厂，把它作为提高经济效益和社会效益的途径。因为在煤矿矿口或附近建设电厂不仅节省了运力和投资，而且可以保证电厂用煤均衡供应。此外，矿口电厂可以大量燃用褐煤及其他劣质燃料，还可利用煤矸石发电。我国煤炭资源储量居世界前列，运力又一直很紧张，但矿口电厂却发展很少。

煤电厂

目前我国总货运量中，煤炭运量约占1/3。据统计，2000年，东北地区从关内净调入煤炭5200万吨，华东六省一市需净调入煤炭1.57亿吨，华南需净调入煤炭3400万吨，华中也要净调入1100万吨，西南净调入煤炭270万吨。这些地区净调入的煤炭主要靠华北供应，加起来就是2.8亿吨。2000年省区间调出调入量将达5亿吨以上，平均运距710~720千米。这是一个惊人的数字，满足这批煤炭的运输需要，需建设沈山三线、大秦二线、京九线、朔石线等一批新的铁路线，还要新建和扩建一批大港口。这要花多少投资啊！因此，发展矿口电厂，迫在眉睫。

值得欣慰的是，能源部1989年底制定的《能源工业产业政策实施办法（试行)》，把矿口电厂列为优先发展序列。具备水源条件的煤炭基地，如“三西”煤炭基地（山西、陕西、内蒙古西部)，甘肃、宁夏煤炭基地，内蒙古东四盟煤炭基地，黑龙江东部及辽宁铁法矿区，山东兖滕矿区，河北蔚县矿区，云南昭通、贵州盘县矿区等，建设矿口电厂，推行煤电联营。

2000年前，我国矿口电厂的主要布点是：在内蒙古东部褐煤地区建伊敏河、元宝山、霍林河、通辽电厂，在黄河边的晋陕蒙交界处，建设保德、府谷、河曲电厂；在晋陕豫交界处建设三门峡、沁北、九里山、河津、韩城电厂；在河北蔚县建蔚县电厂；在黑龙江东部和辽宁铁法煤矿建设鹤岗、鸡西、铁法、珲春电厂；此外，还将在内蒙古准格尔旗、山东济宁、河南禹县、贵州六盘水、陕西彬县、山西阳城等地建设矿口电厂。

建设矿口电厂与煤电联营有密切关系。煤电联营即煤矿与发电厂联合经营，在国外已有多年历史。目前，德国、波兰、俄罗斯、澳大利亚等国，都有煤电联营企业。根据国外经验，实行煤电联营好处很多：

第一，有利于生产要素的合理组合，缓和运输的压力和节省投资。实行煤电联营，可以对煤炭、电力统一规划，统一设计，使电厂和煤矿建在一起，避免煤炭的远距离运输，并可节省电厂燃料系统的一部分投资；矿井水和露天矿疏干水供电厂使用，可节省水资源和电厂水源投资；电厂灰用于矿井、露天坑充填和塌陷区复田造地，使电厂可不建灰场或只建小灰场，少占土地，减少污染；公用设施及生活福利设施统一建设，共同使用，避免重复，等等。据测算，实行煤电联营，比煤矿、电厂各搞各的可节省投资5%～10%，每100万千瓦发电能力可节省投资1亿～2亿元。

第二，有利于降低运营成本。由于投资节省，相应减少了成本中的折旧费和大修费，加上紧密联营后减少了中间环节和管理层次，节省了人员，运营成本一般可降低10%左右。

第三，有利于加强生产经营管理。实行煤电联营，可以统一煤矿、电厂的生产指挥和经营管理，避免煤电生产和检修的不协调；统一对煤炭进行计量和煤质化验，节省人力，减少扯皮；统一安排综合利用和多种经营等。1989年3月，国务院批复了能源部《关于推行煤电联营的请示》，原则同意能源部提出的煤电联营的方针、原则、政策和选定的伊敏河、元宝山两处煤电联营试点。

能源部制定的煤电联营方针与原则是：新建煤矿和电厂，凡是距离较近，可以用皮带运输机或矿区铁路将煤送进电厂的，从前期工作开始就要统一规划，一般应作为一个项目立项，对煤矿、电厂特别是结合部位，进行统一设计，同步建设，办成紧密型的经济实体，实行统一核算。老煤矿、老电厂，条件具备的可以实行松散的联营，通过签订经济合同，实行煤电互保和煤炭定点、定量、定质供应，并在煤矿地下水、电厂灰的利用方面进行合作。有些老煤矿、老电厂，在自愿互利的基础上，也可组成紧密联营实体，实行统一核算。

在煤电联营管理体制上，可以根据不同情况，采取不同形式。有些煤电联营企业可以以电为主，有些企业可以以煤为主，分别归电力或煤炭主管部门管理；有些可以由煤电双方按投资股份组成董事会，实行董事会领导下的经理负责制；有的特大型煤电联营企业可以实行计划单列。

为鼓励发展煤电联营，能源部拟定了以下政策：在投资上给予优先安排。对于国家安排的煤电联营项目，建设资金要给以保证。在煤价尚未理顺前，联营项目中的煤炭部分所需要的建设资金，要全部由国家投资解决；电力部分所需要的建设资金，国家投资部分一般要在50%以上。新建煤电联营企业，按具有还本付息能力及获得合理利润的原则确定电价。煤电联营企业发电所用的煤炭及煤炭所用的电力以及内部各单位之间相互提供的产品，不再交纳产品税。

我国推行煤电联营的两个试点——伊敏河和元宝山都实行紧密型的煤电联营，分别组成呼伦贝尔动力公司和元宝山煤电联营公司。伊敏河包括宝日希勒地区探明煤炭储量110多亿吨，从长远看可以建成5000万吨煤炭生产能力和1000万千瓦发电能力的大型动力基地。伊敏河电厂一期工程装机容量为100万千瓦。元宝山露天煤矿设计能力500万吨，元宝山电厂一二期已形成90万千瓦发电能力，三期规划再建两台60万千瓦机组。这两个煤电联营企业建成后，将对东北电力供应起到举足轻重的作用。

采用大机组

能源部制定的能源发展战略和能源产业政策实施办法，都提出今后火电机组的选型，要以30万、60万千瓦亚临界和超临界参数的大机组为主，逐步淘汰、改造中低压小机组，以提高火电机组的热效率，用有限的煤发出尽可能多的电，同时减轻环境污染。除有煤运不出来或电网输不到的地方外，严禁建设单机容量在2.5万千瓦及以下功率的凝汽式小火电厂。

大机组与小机组相比有以下优点：一是单位千瓦造价低。在功率相等的情况下，大机组用的钢材少，劳动力成本低，占用厂房面积也小。但目前我国由于制造技术等问题，有些不正常，建设60万千瓦机组比建30万千瓦机组单位造价还高。而世界各国的规律都是机组越大，单位造价越低。如果机电、电力部门共同努力，这个问题应该能够解决。所耗标准煤相差甚远：

热电联产

热电联产是由一次能源连续产生两种二次能源——电和热，因而能大幅度提高能源利用率，理论上热电厂的效率可达80%以上。热电联产电厂可以建在不适宜建设大型电厂的城市地区，从而打破了传统的远距离选址、集中发电型的系统模式，走向在消费地区选址、分散发电型的系统模式，这种模式有可能把输电损耗控制到最低点。热电联产还可以有效地减轻燃

热电厂

煤对环境的污染。

虽然我国热电事业有所发展，但发展速度远远跟不上需求，热电机组在火电机组中所占比重逐年下降，城市集中供热的普及率不足10%。我国发展热电联产的潜力很大。撇开新建热电厂不说，仅从小火电和小供热锅炉技术改造的角度看，可做的工作就很多：

据不完全统计，我国当时县营小电厂384座，装机容量232万千瓦。这些电厂均为低效率的凝汽式小火电厂，热效率仅为10%～20%，发电煤耗比大机组高1倍左右。这些机组如果有一部分实行热电联产，效益也是很诱人的。一些小火电厂在这方面做了尝试，效果很好。县营小火电厂改为热电联产的方式大致有两种：一是提高循环水温度向城市供暖，二是打孔抽汽供热。

提高循环水温供暖，是黑龙江省黑河电厂首先试验成功的。黑河市结合城市集中供暖改造了黑河电厂，将该厂两台1500千瓦低温低压凝汽式机组提高蒸汽压力，使循环水温提高到60℃～80℃，直接送入管网连续供暖。这样，电厂比原来少发电20%～30%，而热效率却提高到60%，供暖面积达30多万平方米。由于黑河电厂热电联产改造尝到了甜头，黑龙江省许多小火电纷纷效仿，陆续改造成功的有绥滨、富锦等9个电厂，占该省公用小火电厂的一半多，实现集中供热面积达144万平方米。

在汽轮机汽缸上打孔抽汽，向工业用户供热，也有相当高的效益。如河南省项城县电厂，在两台装机为3000千瓦的次中压凝汽式机组的汽轮机上打孔抽热蒸汽，使电厂发电标准煤耗由原来的670克/千瓦时下降到447克/千瓦时。

热电联产遇到的主要问题是单位容量造价较高，一般比单纯发电的电厂高20%左右。这就需要较大的一次性投资。此外，由于我国热价偏低，热电联产电厂供热越多亏损越多的情况开始出现。这两点影响了热电联产的发展。因此，国家应对热电联产制定优惠政策，如提供一部分低息贷款，调整热价，规定电网在任何时候都应收购热电厂发出的电力，适当减免税收等。

利用低热值燃料。我国煤炭生产中，伴生有大量低热值燃料，如煤矸石、煤泥、中煤、石煤等。利用这些低热值燃料发电，既能增加电力供应量，又可减轻环境污染，是一举两得的好事。

就说煤矸石吧。它是煤炭生产过程中产生的含有炭质的废渣。一个年产1000万吨的煤矿矿区，每年伴生的煤矸石，加上一部分洗煤副产品——中煤，可供建设总容量为10万千瓦的电厂，所发电能可满足煤矿生产和生活的需要。我国有极丰富的煤矸石资源，各煤矿积存的煤矸石已超过14亿吨，每年还要增加约1亿吨。其中发热量在1500~2000千卡/千克的煤矸石约占30%。一般来说3吨左右煤矸石的发热量相当于1吨原煤。有人测算过，如果把目前积存的14亿吨煤矸石的1/4用来发电，可以发电2000亿千瓦时，相当于1989年全国火力发电量的40%以上，可节省好煤约1亿吨。据专家估算，建设煤矸石热电厂平均每千瓦投资比烧好煤的电厂高20%~40%。虽然投资较高，但算总账仍是合算的。根据东北地区一些矸石热电厂和全国的一些经验数据测算，建一座10万千瓦的煤矸石热电厂，尽管需要建设投资2.5亿元左右，但与用好煤单独发电、单独供热相比，在供电和供热相同的情况下，仍可节省1.9亿元的投资。

如果比较运营成本，煤矸石电厂也并不比烧好煤电厂高。这主要是因为，煤矸石本身价格低廉，抵消了上煤系统和灰渣处理系统成本偏高的缺点。

我国的光伏电产业

我国太阳电池的研究始于1958年，1959年研制成功第一个有实用价值的太阳电池。中国光伏发电产业于20世纪70年代起步，1971年3月首次成功地应用于我国第二颗卫星上，1973年太阳电池开始在地面应用，1979年开始生产单晶硅太阳电池。到20世纪80年代后期引进了国外的太阳能电池生产线和生产技术，太阳能电池生产能力达到4.5兆瓦，我国太阳能电池制造产业初步形成，20世纪90年代是我国光伏发电技术和产业快速发展的时期，光伏发电逐渐应用到通信、农村偏远地区发电、气象、交通等多个领域，太阳能电池使用也以每年20%的速率增长。我国光伏系统组件生产能力逐年增强，成本不断降低，市场不断扩大，装机容量也不断增加，2006年累计装机容量达35兆瓦，约占世界份额的3%。

光伏电事业

中国的光伏产业的发展有两次跳跃，第一次是在20世纪80年代末，中国的改革开放正处于蓬勃发展时期，国内先后引进了多条太阳电池生产线，使中国的太阳电池生产能力由原来的3个小厂的几百千瓦一下子上升到6个厂的4.5兆瓦，引进的太阳电池生产设备和生产线的投资主要来自中央政府、地方政府、国家工业部委和国家大型企业。第二次光伏产业的大发展在2000年以后，主要是受到国际大环境的影响、国际项目/政府项目的启动和市场的拉动。2002年由国家发改委负责实施的“光明工程”先导项目和“送电到乡”工程以及2006年实施的送电到村工程均采用了太阳能光伏发电技术。在这些措施的有力拉动下，中国光伏发电产业迅猛发展的势头日渐明朗。

到2007年年底，中国光伏系统的累计装机容量达到10万千瓦（100兆瓦），从事太阳能电池生产的企业达到50余家，太阳能电池生产能力达到290万千瓦（2900兆瓦），太阳能电池年产量达到1188兆瓦，超过日本和欧洲，并已初步建立起从原材料生产到光伏系统建设等多个环节组成的完整产业链，特别是多晶硅材料生产取得了重大进展，突破了年产千吨大关，冲破了太阳能电池原材料生产的瓶颈制约，为中国光伏发电的规模化发展奠定了基础。2007年是中国太阳能光伏产业快速发展的一年。受益于太阳能产业的长期利好，整个光伏产业出现了前所未有的投资热潮，但也存在诸如投资盲目、恶性竞争、创新不足等问题。

2009年6月，由中广核能源开发有限责任公司、江苏百世德太阳能高科技有限公司和比利时Enfinity公司组建的联合体以1.0928元/度的价格，竞标成功我国首个光伏发电示范项目——甘肃敦煌10兆瓦并网光伏发电场项目，1.09元/千瓦时电价的落定，标志着该上网电价不仅将成为国内后续并网光伏电站的重要基准参考价，同时亦是国内光伏发电补贴政策出台、国家大规模推广并网光伏发电的重要依据。

我国正在投大力气发展这一产业。有许多建成和在建的项目在全国遍地开花，下面我们就来了解几个国家光伏电产业的重点工程：

1. 中国“光明工程”计划是由国家发展计划委员会牵头制定的“中国光明工程”计划，筹集100亿元，计划到2010年利用风力发电和光伏发电技术解决2300万边远地区人口的生活、边防哨所、微波通讯站、公路道班、输油管线维护站、铁路信号站等用电问题。使他们达到人均拥有发电容量100瓦的水平。

2. 深圳园博园光伏并网发电系统，该项目总投资750万美元，这是国内第一座兆瓦级太阳能发电站，是目前中国乃至亚洲最大的太阳能并网发电系统，发电能力约为100万千瓦，该电站采用与市电并网形式，投入使用以来共发电200多万度。

3. 北京奥运会鸟巢体育场太阳能光伏发电系统。2008年4月，北京奥运会鸟巢体育场太阳能光伏系统实现并网发电，这是2008北京奥运会主场馆鸟巢工程首次采用太阳能光伏发电。这套光伏发电系统总投资约1000万元，总装机容量为100千瓦。该太阳能光伏系统使用单晶硅组件，采用了不可逆流、无储能的太阳能光伏发电技术，可以就地安装、维护费用低。该太阳能光伏发电系统安装在位于国家体育场鸟巢周围的5个安检棚顶部，每个安检棚为一个并网发电单元，通过光伏并网逆变器与公共电网并接，实现了与公共电网的互联、互通和互补。该系统发电除满足鸟巢检票系统的自身用电外，多余电力将并入国家体育场的电力供应系统。按平均每天5小时光照时间计算，这套光伏发电系统每天可为鸟巢提供520度绿色电力，该系统将稳定运行25年，累计可生产约475万度绿色电力，可减排2500多吨

鸟巢太阳能

废气，替代1500吨标准煤。

4. 上海10万个太阳能屋顶计划。上海10万个太阳能屋顶计划研究，是在世界自然基金会和上海市经委的支持下，由上海交通大学太阳能研究所承担的太阳能应用项目课题，总投资近百亿元。上海计划利用10年的时间，将现有2亿平方米平屋顶的1.5%，约300万平方米，即10万个屋顶用作太阳能发电，相当于新建一个30万千瓦的电站，而且是峰值发电。在1000瓦/平方米标准日照条件下安装太阳能屋顶，可发电130~180千瓦时/平方米。按上海地区标准日照时间1100~1300小时/年计算，每年最低发电量可达143千瓦时/平方米，每年至少发电3.3亿度。

5. 其他建设项目。西部7省无电乡村通信工程项目、无锡国家工业设计园300千瓦屋顶并网光伏系统、上海崇明岛生态公园85千瓦屋顶光伏系统、香港湾仔政府大楼屋顶光伏系统、广州10万个光伏屋顶计划、乌拉特后期1兆瓦沙漠太阳能光伏并网电站，该电站将是目前国内最大的沙漠太阳能光伏电站。

中国的风能发电

我国联网风力发电在20世纪80年代初开始起步，起步虽较晚，但发展

新疆达坂城风车

很快，到2000年底已经安装了344兆瓦。其中装机规模在1995～1997年之间增长较快。早在1989年广东省南澳岛就立足当地资源优势，着手建设风力发电场，先后从瑞典、丹麦、美国等国家引进风力发电机，使主岛风力发电机达135台，总装机容量达53.540兆瓦，年可发电1.4亿千瓦时，成为亚洲沿海最大的风力发电场和世界开发风能资源的重点示范区域。风力发电场分期投产11年来，累计发电近3亿千瓦时，创产值1.9亿元。

2008年北京举办奥运会，以及上海申办2010年世博会，都需要彻底治理环境，在这一强烈需求下，风力发电显示出了巨大的技术价值、市场价值和社会价值。为风能建设提供了广阔的前景。

我国的风电项目发展迅速，但是2001年就有3个亿元的大项目开工建设。

2001年5月，北京市延庆县与华睿投资集团有限公司正式签约，由华睿公司投资20亿元在康庄镇建一座风力发电厂，这是延庆迄今为止引进的最大的投资项目。昔日令人头疼的康庄镇大风口将要变成输送电力的聚宝盆。发电厂将建在康西草原及其周围地区，计划占地30亩，总装机200兆瓦，分3期完成，“十五”期间完成100兆瓦。电厂建成后可每年向电网输送电力5亿千瓦时，创产值3亿元。同时，发电厂的200个发电风塔还将成为康西草原一道独特的景观。

2001年6月，上海市电力公司在京与世界银行签署了项目协议，世界银行将提供1300万美元的贷款，项目总投资1.92亿人民币。上海市电力公司将与国家电力公司、上海电力实业总公司一起共同建设上海风力发电项目。这是上海第一个风力发电示范项目，它将在上海电力发展史上实现风电“零”的突破。第一期项目总装机容量20兆瓦。项目可行性研究报告书日前已获国家经贸委和国家计委的批准，进口设备的招投标工作将随之展开。据悉，风电机组选型的单机容量至少在600千瓦以上，建设工期约1年。

2001年11月位于中国西部桥头堡的阿拉山口风力发电厂在新疆建成并投入使用，这不仅大大减轻该地区的煤耗量、减轻有害气体排放，还有利于提高该地的旅游价值。

福建首个风电场——东山澳仔山风力发电场于2001年12月28日并网发电。该发电场有10台600千瓦的发电机组，将取之不竭的风力资源转化为电能，源源不断地输入福建电网。

“十五”期间，中国的并网风电得到迅速发展。2006年，中国风电累计装机容量已经达到260万千瓦，成为继欧洲、美国和印度之后发展风力发电的主要市场之一。2007年以来，中国风电产业规模延续暴发式增长态势。2008年中国新增风电装机容量达到719.02万千瓦，新增装机容量增长率达到108.4%，累计装机容量跃过1300万千瓦大关，达到1324.22万千瓦。内蒙古、新疆、辽宁、山东、广东等地风能资源丰富，风电产业发展较快。

福建东山发电厂

进入2008年下半年以来，受国际宏观形势影响，中国经济发展速度趋缓。为有力拉动内需，保持经济社会平稳较快发展，政府加大了对交通、能源领域的固定资产投资力度，支持和鼓励可再生能源发展。作为节能环保的新能源，风电产业赢得历史性发展机遇，在金融危机肆虐的不利环境中逆市上扬，发展势头迅猛，截止到2009年初，全国已有25个省份、直辖市、自治区具有风电装机。

中国风力等新能源发电行业的发展前景十分广阔，预计未来很长一段时间都将保持高速发展，同时盈利能力也将随着技术的逐渐成熟稳步提升。随着中国风电装机的国产化和发电的规模化，风电成本可望再降。因此风电开始成为越来越多投资者的逐金之地。风电场建设、并网发电、风电设备制造等领域成为投资热点，市场前景看好。2009年风电行业的利润总额仍将保持高速增长，经过2009年的高速增长，预计2010、2011年增速会稍有回落，但增长速度也将达到60%以上。2010年全国累计风电装机容量有望突破2000万千瓦，提前实现2020年的规划目标。

保定·中国电谷

同学们肯定听说过美国的硅谷，那里是全世界IT行业聚集地。我国也在武汉建立了光谷，那里是光学的研究与利用的领头羊。现在国家为了开发新能源、实现节能减排的目标，在河北省的保定市打造中国电谷。电谷为什么要建在保定呢？这是因为保定有着它独特的优势。

保定市是科技部命名的全国唯一的“国家火炬计划新能源与能源设备产业基地”、全国唯一的“国家太阳能综合应用科技示范城市”，被科技部列为“十城万盏”半导体照明应用工程试点城市，被商务部、科技部列入国内首批“国家科技兴贸出口创新基地（新能源）”，被科技部认定为“国家可再生能源产业化基地”，被国家发改委授予“新能源产业国家高新技术产业基地”，还被世界自然基金会（WWF）确定为“中国低碳城市发展项目”首批两个试点城市之一。保定·中国电谷拥有太阳能、风能及输变电、蓄能设备制造骨干企业160多家，并几乎囊括了全国同行业的龙头企业，具有建设“中国电谷”、打造全国首座太阳城的独特优势。

保定是国内最大的太阳能光伏设备生产基地。龙头企业——天威集团旗下的天威英利新能源有限公司（下称“天威英利公司”）是世界第四家、国内最大的具备完整产业链的太阳能电池生产商，拥有国内唯一的太阳能电池研发中心。保定市是科技部命名的全国唯一的国家火炬计划新能源与能源设备产业基地，全国唯一的太阳能综合应用示范城市。

在风能发电产业上，中航惠腾公司是国内唯一能实现国产化风能发电叶片批量生产、也是亚洲最大的风电叶片生产企业，产量占国内国产叶片的90%。

在输变电设备制造上，天威集团是中国最大并具有完整自主知识产权、完整产业链的输变电制造基地，其变压器产量连续3年位居世界第一。

在储能设备产业上，风帆集团是中国铅酸蓄电池行业中规模最大、技

英利太阳能电池

术实力最强、市场占有率最高的企业。

在人才支撑上，中国电力行业的最高学府——华北电力大学和一批高等院校坐落于此。

目前，保定“中国电谷”已形成太阳能光伏发电、风力发电设备、新型储能材料、电力电子与电力自动化设备、输变电设备和高效节能设备六大产业体系，为保定打造“中国电谷”、太阳城提供了坚实的产业基础。

在中国电谷，这里有中国首座太阳能大厦。2008 年 10 月 18 日上午，中国首座太阳能光伏大厦——电谷锦江国际酒店太阳能幕墙并网发电成功，并正式投入运营。这座酒店在全国首次应用呼吸式太阳能玻璃幕墙，有光就能发电，其实就是一座小型电站。锦江国际只是规划中的“电谷广场”的第一期工程。

在锦江国际的旁边，“电谷广场”二期工程——电谷商务会议中心正在加紧施工。这座建筑太阳能幕墙安装面积远远大于锦江国际，达到 9118 平方米，安装容量也达到 500 千瓦。而规划中的“电谷广场”三期建设，太阳能幕墙安装面积更是高达 13520 平方米，安装容量 700 千瓦。

保定·中国电谷承担了大量国家“光明工程”项目。中国光明工程由国家发改委牵头制定，旨在利用可再生能源发电解决 2300 万无电人口的用电问题。第一期项目目标是用 5 年的时间建立稳定的投资渠道销售服务网络和市场机制、产业队伍，解决我国约 800 万无电人口的用电问题（约 2000 个无电村、100 个无电哨所和 100 个无电微波通讯站），为实现中国“光明工程”的总目标奠定基础。第一期项目总投资额 100 亿元，另外，国家还在积极争取国外赠款 5 亿元。迄今已有 20 多个国内外厂商投标报价申请提供专业的光伏发电设备。

锦江国际

光伏工程实施难度较大，我国光伏发电项目较国际上发达国家起步晚，科技含量目前还较低，特别是项目实施地区都是偏远无电的地区。目前国内主要的生产厂家资金实力有限，生产规模较小，无论管理水平还是技术水平与国外先进企业相比都有较大的差距。对投资者而言，光伏发电技术属高科技项目，我国迄今尚无成熟的大规模投资经验，且投资回报期较长。

世界电力事业发展

世界风力发电

风是人类最早有意识利用的能源之一，人类对风的感情是复杂的，因为它既可造福，又可成灾。早在一两千年前人们就已懂得建造风车利用风能。在世界进入 21 世纪的今天，风力发电是人类利用风能的一个极好途径，风将为人类社会做出更大的贡献。风能作为一种清洁的可再生能源，越来

世界风能

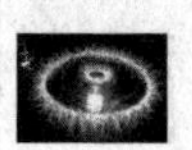

越受到世界各国的重视。其蕴藏量巨大，全球风能资源总量约为 2.74×10^9 兆瓦，其中可利用的风能为 2×10^7 兆瓦。

从 20 世纪 70 年代开始，联网型风力发电开始商业化，经过 80 年代和 90 年代的快速发展，风力发电的技术逐渐成熟。由于风力发电具有环境保护的独特优势，随着发达国家对 CO_2 减排义务的承诺，风力发电受到了众多国家的重视。特别是 20 世纪 80 年代后风力发电的增长速度惊人，其中 1997 ~2000 年之间全球年装机量平均增长速度达到 38%。随着风力发电技术日趋成熟，市场规模不断扩大，风力发电的成本效益性能也逐渐改善。在过去的 10 年中，风电的成本下降了一半。以美国为例，20 世纪 90 年代安装风力发电机，每发一度电的成本为 8 美分，而现在只需 4 美分。斯坦福大学环境工程教授马克·雅各布森与同事们在《科学》杂志上发表了一篇文章，详细地对比了风力发电与煤炭发电所需的费用。从计算得出的结果来看，用风力发电，每度电大概需要花费 3 ~4 美分；煤炭发电，基础的花费与前一种不相上下，但是如果加上煤燃烧后对健康和环境产生的间接影响等因素，这个花费就变成了 5.5 ~8.3 美分。另外研究者还指出，美国每年有 2000 名煤矿工人死于煤炭带来的污染。而从 1973 年起，美国纳税人每年要支付高达 350 亿美元，作为煤矿工人的生活和医疗费用。由此可以看出，风力发电显然比煤炭发电便宜，仅此一点，就没有理由不对风能进行投资。

就风能的商业利用价值来说，风力越大价值越高。地点稍有变化对发电都有很大影响，因为电能和风速的立方成正比。这意味着即使是同一台蜗轮发电机，在风速为 12 英里/时（1 英里 =1.6093 千米），发电量比 11 英里/时的发电量高 30%。风力发电的前提条件是离地面 10 米的风速必须达到 4 ~5 米/秒。海滨地区的风速大多超过这个数值，但越往内地，随着风力不断减弱，可生产的电能也就越少。随着人们越来越意识到在近海地区开发风能的重要性，同时，由于技术的不断发展（现在已经可以在近海区建造 2.5 ~3 兆瓦的风力发电设施），近海风能发电俨然已经成了开发风力发电的新方向。

随着全球经济的发展，风能市场也迅速发展起来。2007 年全球风能装机总量为9万兆瓦，2008年全球风电增长28.8%，2008年底全球累计风电装机容量已超过了12.08万兆瓦，相当于减排1.58亿吨二氧化碳。随着技术进步和环保事业的发展，风能发电在商业上将完全可以与燃煤发电竞争。

据统计表明，2001年全球风能发电总量达到23300兆瓦，其中德国风能发电量为8000兆瓦，位居全球首位。继德国之后，美国风能发电量为4150兆瓦，西班牙为3300兆瓦，分居二三位。

欧洲是风能开发比较早的地区，据欧洲风能协会发表的统计，截至2001年底，全欧已投入运行的风力发电设备装机容量达到17310兆瓦，比一年前剧增35%，占全球这类设备总装机容量的72%，年发电量为400亿千瓦时，可满足1000万个家庭的用电。

欧洲风力资源丰富，如在法国濒临大西洋的诺曼底和布列塔尼等沿海地区，速度达60千米/时的大风司空见惯，时速逾100千米者亦不足为奇。但是，资源丰富只是一个客观条件，如何利用这种资源才是关键。在1973年第一次能源危机以后，欧洲特别是西欧国家痛感能源供应安全的重要性，制定了能源供应多样化的战略，其中一个组成部分就是开发和利用包括风能在内的可再生能源。

荷兰风车

在欧洲，德国在风能发电方面一直走在前列。作为世界上风电装机最多和发展最快的国家，德国2002年新增装机320万千瓦，累计超过1200万千瓦，已提前达到其2010年风电发展目标。但是这几年对风能产业也在寻求一些新的出路。德国风场的选址由风力资源丰富的沿海地区，逐步向内陆和近海转移。2002年，65%的风电产自内陆平原区，只有8%是产自沿海地区。

还有，风电的投资主体由早期的以农场主为主的个体私人向专门以经营风电为目的的企业协会和经营者联合会转移。这是由购买市场上销售的大型风机需要大额资金和德国政府正在推行的大规模风电生产计划的现实决定的。

最后，德国政府对风力发电实施鼓励政策，正是政府的资助对风力发电市场的发展和风力发电技术进步起到了决定性作用，使风电能够蓬勃发展。具体资助政策包括：①风电上网，法律规定电网公司必须允许风电上网，并统一收购风电。②资金补贴，政府为每台风力发电机组提供一定的资金补贴。它刺激了风电发展和风机制造企业改进技术，只有机组卖给用户并且并网发电后，制造商才能得到政府的资助。此外，某些州还提供额

德国风力发电

外补贴，数额在风机价格的20%~45%。③提高上网电价，电网公司支付的风电上网电价不低于最终售电价格的90%。④发电补贴，从1991年开始，对风电提供一定的补贴。⑤融资，德国银行（DAB）为风电提供资金。

说到欧洲的风能发电，还有一个国家我们也不能不提，它就是丹麦。在丹麦，尽管2001年是弱风年，但全国风力发电仍达到43亿千瓦时，相当于其全国电力消耗总量的13%左右。2002年，丹麦风电约占全国电力消费总量的18%~19%。从2002年开始，丹麦还将新建5个装机容量为15万~16万千瓦的风电场。丹麦风机制造业2001年又一次改写了历史纪录，所有风机制造企业共销售了345万千瓦的风机，比上年增长了60%。这一容量相当于全球核电所有新增销售容量170万千瓦的2倍。在过去5年中，丹麦风机制造业取得了年均增长率高达37%的惊人业绩。

美国在风能发电方面虽然落后于欧洲，但近几年发展十分迅速，据美国风能协会2002年1月15日发表报告说，2001年美国风力发电业新增装机容量达到创纪录的1700兆瓦，使该行业的装机总容量达到4258兆瓦。据这个协会公布的数据，2001年新安装的风力发电设备可满足47.5万个家庭的用电需要，同时每年可减少300万吨CO_2和2.7万吨有害气体的排放。

美国风力发电

根据美国能源部的测算，美国风能每年可发电6000亿千瓦时，可供应美国20%的电力。从理论上说，仅北达科他一个州的风力发电量就可满足美国1/3的电力供应。

即使作为发展中国家的印度，出于缓解电力供应紧张局面的目的，也在积极推动风电的发展。印度政府

印度风力发电

就专门成立了非常规能源部，同时制定了强有力的激励政策。2002 年，印度全国 29 个风电场新增装机近 20 万千瓦，累计装机达到约 170 万千瓦

因此，从近年来全球风电产业的发展趋势来看，风电已经逐渐凸现成为 21 世纪最具发展潜力的能源品种。随着石油危机的爆发以及全球可持续发展、气候变化、温室气体减排等能源安全、能源环境问题的日趋突出，全球日益关注新能源和可再生能源的发展。越来越多地被人逐步意识到，人类正在逐步实现能源结构的第三次演化，21 世纪越来越可能成为新能源和可再生能源主导的时代，而风能成为最有可能承担起历史重任的这样一种替代能源。

燃料电池

1839 年，英国人葛瑞沃提出了氢和氧反应可以发电的原理，建立了氢－氧燃料电池的概念。但是，由于受多种原因的制约，直到 20 世纪 60 年代初，出于对航天和国防需要的考虑，才相继开发出液氢和液氧小型燃料电池。

燃料电池是一种将储存在燃料和氧化剂中的化学能直接转化为电能的装置。当源源不断地从外部向燃料电池供给燃料和氧化剂时，它可以连续发电，其发生电化学反应的实质是氢气的燃烧反应。它的与众不同之处在于燃料电池的正、负极本身不包含活性物质，只是起催化转换作用，最主要的优点是热效率高和污染极低。

燃料电池如用做汽车动力，它将化学能转变为电能到达驱动轮后综合效率约为34%；而传统的发动机将化学能转变为机械能，到达驱动轮后的综合效率仅为12%左右，这意味着燃料电池比一般的发动机更加节能。以氢气为燃料的燃料电池经过化学反应后的产物只有水，其排放出的尾气对环境几乎没有任何污染。

依据电解质的不同，燃料电池主要分为碱性燃料电池（AFC）、磷酸燃料电池（PAFC）、熔融碳酸盐燃料电池（MCFC）、固体氧化物燃料电池（SOFC）、质子交换膜燃料电池（PEMFC）。长期以来，燃料电池产业化最主要的障碍是过高的生产成本。经过多年的研究和技术发展，随着实用化的电池系统结构的基本确定，新的设计与制作工艺大幅度降低了原材料的消耗水平，从而使燃料电池的生产成本开始大幅度下降，规模经济效益初步形成。

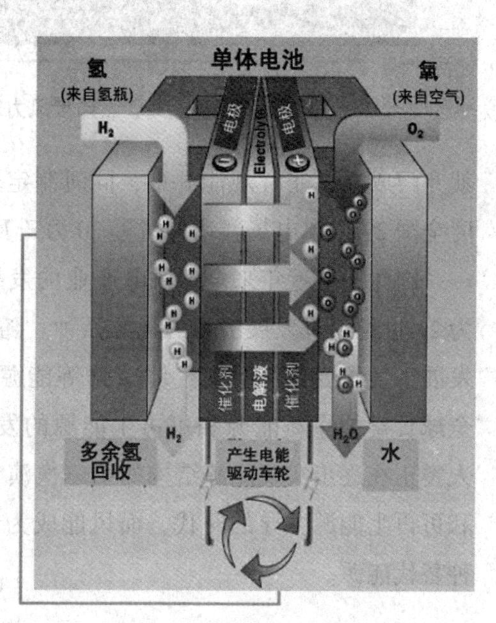

燃料电池

近二三十年来，由于一次性能源的匮乏，以及公众对环境保护的日益关注，要求开发利用新的清洁再生能源的呼声愈来愈高。燃料电池以其高效、零污染的特点在世界范围内引起了汽车行业的广泛关注。有数据显示，到2007年，燃料电池在运输方面的商业价值将达到90亿美元。美国、欧洲和日本的著名汽车公司纷纷投入巨资进行燃料电池汽车的研发，各国政府

也在法规和政策方面给予极大的支持。

美国戴姆勒－克莱斯勒公司的甲醇改质型燃料电池汽车“NECAR5”于2002年5月20日从旧金山出发，成功横穿了北美大陆，在历经16天后安全抵达华盛顿特区。这是燃料电池汽车首次成功横穿北美大陆，行驶距离为5250千米，最高时速达到145千米。

通用公司宣布液氢燃料电池汽车“氢动三号”已在日本获得公路行驶许可。与此同时，“氢动三号”的液氢贮藏系统也得到了认可。这样，该车就成为首款在日本得到公路行驶许可的液氢燃料电池汽车。

欧盟也提出了极具竞争性的“明日汽车”计划，由汽车公司、汽车零部件厂商、能源化工行业等共同进行低排放/零排放车辆研发工作。其中包括车用蓄电池、燃料电池在内的先进动力系统以及与此相关的重要技术（电子技术、轻量化材料、电子控制技术）的开发研究。

同时，一项投资额为1850万欧元的“欧洲清洁城市运输项目计划”也在实施当中。该计划涉及欧洲7个国家9个城市，将在阿姆斯特丹、巴塞罗那、汉堡、斯图加特、伦敦、卢森堡、马德里、斯德哥尔摩、波尔图进行。每个城市都将有3辆燃料电池公众汽车参与。该项目希望通过示范活动，提高公众对燃料电池和有关氢基础设施的认识，同时也为进一步发展这项新

燃料电池汽车

技术积累使用经验，使其早日实现大规模商业化运营。

业内人士指出，燃料电池技术21世纪在技术上的冲击影响，会类似于20世纪上半叶内燃机所起的作用。燃料电池是唯一同时兼备无污染、高效率、适用广、无噪声和具有连续工作的动力装置，将会在国防和民用的电力、汽车、通信等多领域发挥更为重要的作用。

太阳能发电

太阳能是一种最普遍、最巨大、最清洁的能源。现在世界上许多国家都很重视太阳能的利用，日本有一座太阳能体育馆，目前是世界上利用太阳能的最大的建筑物。前面讲过的中国电谷建设也是利用太能发电的先进典型。锦江国际大厦就是一座小的太阳能发电站。大厦内部所有的电都是利用大厦外壁的太能电池板发电而来。

太阳能发电板为什么能发电呢？屋顶上排满太阳能电池板，就可以实现家中用电的自给。太阳能电池板也同晶体管一样，是由半导体组成的。它的主要材料是硅，也有一些其他合金。

太阳能电池板的表面由两个性质各异的部分组成。当太阳能电池板受

太阳能产业

到光的照射时，能够把光能转变为电能，使电流从一方流向另一方。太阳能电池板就是根据这种原理设计的。

太阳能电池板只要受到阳光或灯光的照射，一般就可发出相当于所接收光能1/10的电来。为了使太阳能电池板最大限度地减少光反射，将光能转变为电能，一般在它的上面都蒙上了一层防止光反射的膜，使太阳能电池板的表面呈紫色。

不久前，科学家研制成功了一种高效的太阳能电池板。它不仅白天能提供电能，而且在夜间也可提供电力呢。

知道了太阳能为什么能发电，有一个问题在我们心中产生了——如何利用太阳能发电呢？有2种办法。

（1）利用太阳光的热能，把水烧成蒸汽，再用蒸汽去推动汽轮机。这个道理说起来简单，做起来也不容易。谁都知道，阳光的照射很分散，如果不经过反射聚光镜（也就是凹面镜）或凸透镜的聚焦，是不可能得到比较高的温度的。你把一张纸放在阳光下曝晒，无论阳光多么强烈，纸也不会被点着。可是你用放大镜使阳光聚成焦点，再把纸放在焦点的位置上，不大一会纸就点着了。点燃一张纸自然是容易的，要烧开一壶水就要难一

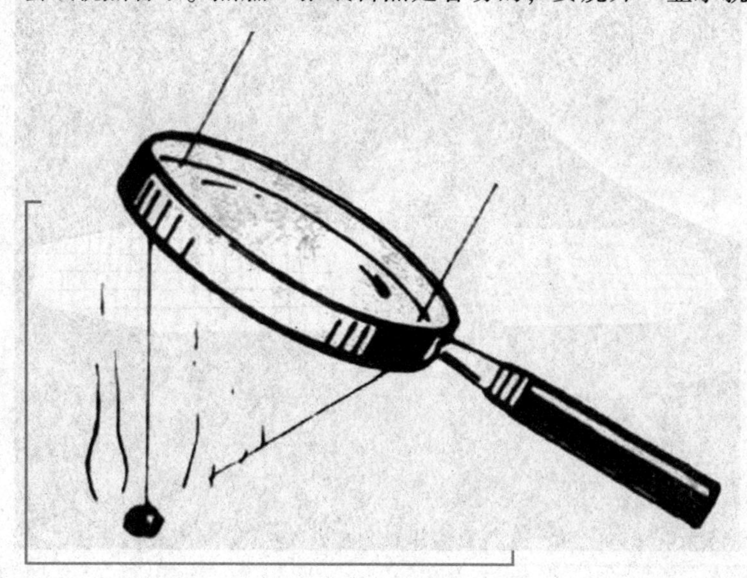

放大镜聚焦

些，这需要有直径 1 米多的反射聚光镜。要是想把发电厂锅炉里的水烧成蒸汽，那就更加不得了——需要一面直径有几层楼那么高的反射聚光镜（这样的镜子得用几千面小镜子来组成）。因此，建造一座太阳能发电站不是简单的事情，没有先进的技术是做不到的。

（2）用太阳电池直接把光能变成电能。太阳电池是用一些半导体材料做成的。这类半导体材料有一种特性，当太阳光射在它上面的时候，就有电流产生。

世界上第一个有实用价值的太阳电池是 1954 年在美国制成的。50 多年来，这种电池已经广泛地应用在许多场合。宇宙飞船、人造卫星上尤其需要这种电池。有了它，飞船和卫星就不会有断电的危险。在沙漠、高山等缺少燃料的地方，用太阳电池作为仪器设备的电源，比用其他电源方便得多。海洋和河道中的航标灯，用太阳电池来供电也很合适。

我们在人造卫星的照片上，可以看到卫星上有两个“翅膀”，其实这不是翅膀（在没有空气的太空里，翅膀是没有用处的），而是太阳电池。它伸展开来，为的是大面积接受阳光。

人造卫星的太阳能电池

太阳电池不需要燃料，也不需要笨重而复杂的设备，用它来发电自然是非常理想的，但是现在世界各国还没有普遍使用。为什么？因为目前制造太阳电池的成本还太高。等到将来成本降低了，利用规模当然会比现在大得多。有的国家已经提出了这样的设想：制造一个面积达60多平方千米的太阳电池，像发射人造卫星一样，把它发射到离地面3.6万千米的高空去，让它固定地对准地球上某一点，同地球一起转动。由于高空中没有空气和灰尘，而且也不分白天和黑夜，因此太阳光的照射量比在地球上要多9倍，太阳电池的发电效率也高得多。据说，这个巨型太阳电池的发电能力可达到1000万千瓦。发出来的电先变成微波，让它穿过电离层发射到地球上来，地面接收站接收以后再把它变成电。

还有人设想，在寸草不长的沙漠里建设若干巨大的太阳能电站，办法是把大片大片的太阳电池铺盖在沙面上。当然，要做到这一点，还要解决技术上的许多难题，不是短时期能实现的，但是这种设想是多么的诱人呀！

没有发电机的发电厂——磁流体发电

无论是火电厂还是水电站，没有发电机就发不了电，有没有不要发电机的发电厂呢？有！这种发电厂采用的发电技术，叫做磁流体发电。它是20世纪50年代发明的。

在介绍火力发电的时候，我们说过，火力发电的效率是不高的，最高只有40%。这是因为，在火力发电的过程中，燃料的热能先要转化为汽轮机的机械能，再转化为发电机的电能，有60%以上的能量消耗在机械能的转换上了。长期以来，科学家们就在想，如果能改变发电方式，让热能直接转换成电能，跳过机械能这个环节，减少了中间损耗，效率不是可以大大提高吗！经过科学家们的研究、探索，终于找到了跳过机械能这个环节的方法——磁流体发电。

磁流体发电的原理和发电机发电的原理是一样的，都是由于电磁感应而在导体中产生电流。在发电机里，人们利用金属做的线圈来切割磁场，产生电流。如果切割磁场的导体不是金属这种固体，而是气体或者液体

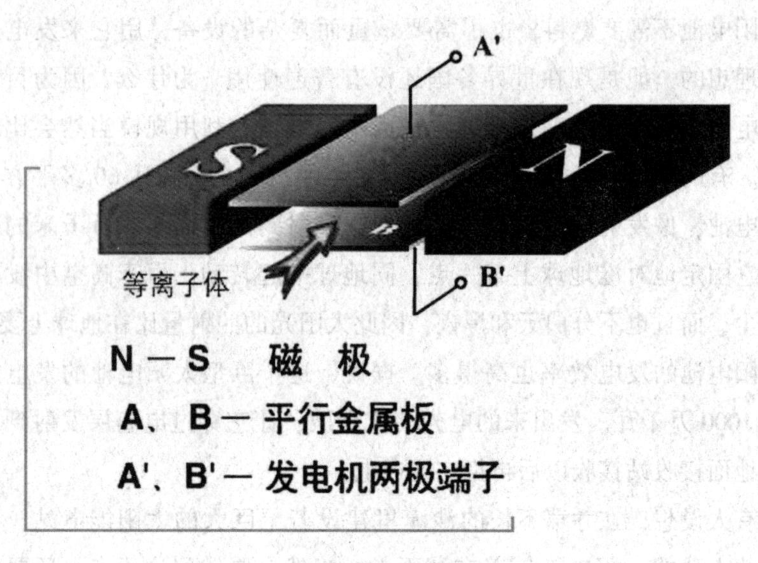

磁流体发电原理

(物理学上叫做导电流体)，利用这种导电流体和磁场相互作用而发电，就叫做磁流体发电。

磁流体发电的方法有好几种，目前使用比较多的一种方法，是等离子体磁流体发电。

我们知道，空气是一种良好的绝缘体。在常温下是不导电的。在雷雨天气里，当云层中的电荷积累到相当程度，空气就阻挡不住它的传递，于是发生了火花放电。

如果把空气加热到6000℃，气体中的电子就会挣脱原子核的束缚，成为自由电子。这时候，气体中充满了带正电的离子和带负电的电子，两者总的说来是相等的，所以这种气体叫做等离子体，具有导电的性质。

如果我们让等离子体以1000米/秒的高速，在两个磁极中间穿过（也就是连续不断地切割磁场），那么，带正电的离子和带负电的电子会按照发电机右手定则，分别向垂直于气流运动方向和垂直于磁力线的方向运动，如果用导线把这两处（就是两个电极）连接起来，那么就会有电流从导线里通过，即是说，产生了电流。磁场越强，产生的电量就越大。

等离子气体在这里既起着汽轮机的作用（喷射蒸汽），又充当了转子的

角色（切割磁场）。这种发电方法所发出的电流就是方向、电压和大小都固定不变的直流电。如果需要，通过换流装置，它也可以变换成交流电。

用这种方法发电，最大的困难是电离的气体不容易得到6000℃的高温（几乎等于太阳表面的温度），用一般方法很难达到。怎么办？

科学家们在元素周期表里搜索，寻找在较低温度下能够电离的元素和它们的化合物。他们发现，有些碱金属元素，如铯、铷、钾、钠等的气体，在较低的温度下就能电离而具有导电性，要是把它们掺和到气体里去，就能把气体的电离温度降低到3000℃，甚至更低一些，而3000℃的温度在目前的技术条件下是比较容易达到的。

磁流体发电是直接把热能转换为电能，它的发电装置只有2个主要部分：①能产生高温电离气体的燃烧室；②两旁装有磁极和电极的装置，叫做气体通道。由于气体通道里通过的气体温度高达3000℃，速度为1000米/秒，而且有强烈腐蚀性，因此必须用耐高温、耐腐蚀并有一定强度的陶瓷材料做衬砌。这种材料还必须是有良好的绝缘性，否则电流就会从半途溜掉，也就达不到发电的目的。

磁流体发电是1959年美国首先研究成功的；由于它取消了机械能的转换这个中间环节，所以，热能的利用率就从40%提高到了50%，甚至60%。

从气体通道里流出来的气体，已经完成了它的发电任务，但是它的温度仍然高达1500℃，有人设想，这个高温气体还可以再供给燃气轮机发电。发电以后，它的温度虽然降到了700℃～800℃。还可以用来加热蒸汽，再用蒸汽去推动汽轮机发电。像这样，一环扣一环，环环都利用，总的发电效率就可以提高到70%左右。

对于这种设想，有的国家已经做了初步的试验。20世纪70年代初，一座发电能力为7.5万千瓦的磁流体——蒸汽联合发电厂已经建成了，热能利用效率达到了60%左右，比效率最高的火力发电厂高出20%～30%。

磁流体发电是一种很有前途的发电新技术，但是目前还处在研究阶段，不能广泛采用。随着现代科学技术的发展，磁流体发电厂一定会逐渐多起来。

美国发现一种细菌能发电

2005 年美国科学家发现，在淡水池塘中常见的一种细菌可以用来连续发电。这种细菌不仅能分解有机污染物，而且还能抵抗多种恶劣环境。

美国南卡罗来纳医科大学的查理·密立根 7 日在亚特兰大举行的美国微生物学会年会上发表报告说，利用微生物发电的概念并不新奇，目前已有多个研究小组在从事微生物燃料电池开发，但他们的发现有 2 个与众不同之处：①发电的细菌属于脱硫菌家族，这个家族的细菌在淡水环境中很普遍，而且已被人类用于消除含硫的有机污染物；②在外界环境不利或养分不足时，脱硫菌可以变成孢子态，而孢子能够在高温、强辐射等恶劣环境中生存，一旦环境有利又可以长成正常状态的菌株。

核电——未来发展的主力

煤、石油、天然气和水力等，是目前世界上主要的能源来源。近十几年来，世界上“能源危机”的呼声不绝于耳，这是因为以上几种能源有较大的局限性。煤炭、石油、天然气储藏量有限，在不久的将来会开发净尽；水力资源虽然是可再生的，但到底也有限，而且受地理分布限制较大。如果把化学工业对煤炭、石油、天然气的需求考虑进去，能源资源就更显得稀缺。因此，人们一直在寻找以上几种常规能源的替代能源。在可供人类选择的替代能源中，近期内能够发挥现实作用的是核能。核电迅速发展，是由核电自身的优越性决定的.

核电是浓集、清洁、安全和经济的能源。首先，核能是高度浓集的能源，核电站可建立在最需要用电的地方，不受燃料运输的限制。1 千克铀裂变产生的热量相当于 1 千克标准煤燃烧后产生热量的 270 万倍。

核能是清洁的能源，有利于保护环境目前，世界上 80% 的电力来自烧煤或烧油的火力发电站，燃烧后的烟气排放到大气中严重污染环境。相同规模的火电站释放出的放射性比核电站大几倍。煤燃烧后排放的一氧化碳、二氧化碳、硫化氢和苯并芘，容易形成酸性雨，使土壤酸化，水源酸度上升，对植物及水产资源造成有害影响，破坏生态平衡，苯并芘还是一种强致癌物质。一个成年人每天要呼吸约 14 千克的空气，火电站污染造成的死亡概率是相同规模核电站的 400 倍。同时大气中二氧化碳浓度增加还导致大气层的“温室效应”。另外，煤和石油又是重要的化工原料，大量烧掉十分不利于化学工业的发展，是十分可惜的浪费。每千克铀 - 235 裂变所产生的能量相当于 2500 ~2700 吨标准煤燃烧时放出的能量。2700 吨标准煤折成煤炭为 3780 吨，如果用火车拉，要装 70 多节车皮。

据国际原子能机构 2008 年统计，全世界已经查明的铀矿储量约有 550 万吨，未探明的储量达 1050 万吨。这个数字是很有限的，但这只是陆地上的蕴藏量。海洋中还蕴藏有大量的铀，总量大得惊人，约有 40 亿 ~50 亿吨。只是目前从海水中大量提取铀的技术还不过关，缺乏经济性。目前世界各国正加紧研究这一技术，一旦从海水中开采铀的技术问题得到解决，人类所拥有的铀资源就十分丰富了。

20 世纪 60 年代中期至 70 年代初，核能作为取代石油的希望，受到世界许多国家（尤其是西方发达国家）的重视。美国等西方国家纷纷制订核电发展战略计划，着手建设一批核电站。从 70 年代起，核电得到迅速发展，在世界能源中的地位逐年提高。从 1979 年到 1987 年，世界能源消费总量增加了 12.3%，其中煤增加 21.2%，水电增加 23.6%，天然气增加 21.4%，石油减少 5.9%，核电增长高达 160.6%。到 1987 年，在世界一次能源消费总量中，石油占 37.6%，煤占 30.5%，天然气占 9.9%，水电占 6.9%，核电占 5.1%。

据国际原子能机构公布的数字，截至 2000 年底，全世界正在运行的核电站共计 500 多座，总功率 6.75 亿千瓦，核电发电量占世界总发电量的 17%。已有 35 个国家和地区拥有核电站。目前拥有核电反应堆最多的 10 个国家和地区是：美国 110 座；法国 55 座，俄罗斯 53 座，英国 40 座，日本 39 座，德国 24 座，加拿大 18 座，瑞典 12 座，西班牙 10 座，韩国 9 座。我国台湾省也有 6 座核电反应堆在运行。90 年代前半期，全世界投运的核电机组容量达 4 亿千瓦。

法国是目前世界上核电占全部电力比重最大的国家。1988 年全国总发电量为 3724 亿千瓦时，其中核电为 2602 亿千瓦时，占 70%；常规火电为 348 亿千瓦时，占 9%；水电为 774 亿千瓦时，占 21%。法国是从 1974 年起大力发展核电的，陆续投入运行的核反应堆已有 53 座。截至 2007 年法国全国有 59 台在运机组，核电占总电量比例为 80% 左右。法国有世界上较成熟和先进的堆型技术，包括第三代核电 EPR（欧洲先进压水堆），同时有世界上最大的核电公司之一（阿莱瓦集团），也是世界上最大的铀矿开采国，产量非常高，在非洲尼日尔、亚洲哈萨克斯坦、澳大利亚等主要产铀地区都拥有铀矿开采权。

美国是目前世界上核电装机容量最大的国家。1988 年，美国核电装机总容量为 1.1 亿千瓦，占世界投运核电站总容量的 31.1%。1979 年，美国三里岛核电站发生事故，使美国核电发展一度受挫。近几年，核电在美国又开始复苏。1951 年美国首次在爱达荷国家反应堆试验中心进行了核反应堆发电的尝试，发出了 100 千瓦的核能电力，为人类和平利用核能迈出了第一步。此后不久，1954 年 6 月，原苏联在莫斯科近郊粤布宁斯克建成了世

法国核电站

界上第一座向工业电网送电的核电站，但功率只有 5000 千瓦。1961 年 7 月，美国建成了第一座商用核电站——杨基核电站。该核电站功率近 300 兆瓦，发电成本降至 0.92 美分/度，显示出核电站强大生命力。

美国核电站

今天，一些经济发达的国家，由于经济的高速发展与能源供应的矛盾日趋突出，同时，传统的能源工业造成的环境污染及温室效应严重威胁人类生存环境，因此，不仅缺乏常规能源的国家如法国、日本、意大利等发展核电站，而且常规能源煤、石油、水电等非常丰富的国家如美国、加拿大等也在大力发展核电站。截至 1995 年，全世界运转的核电站总数达 438 座。其中美国运转的核电站总数达 109 座，核发电量创下 6730 亿千瓦时的最高纪录，在美国电力生产中核电比例达 22.5%。法国核发电量比前年增长 4.9%，达 3580 亿千瓦时，运行中的 56 座核电站发电量占全国总发电量 76%，而且出口核电达 700 亿千瓦时。核

中巴合建恰西玛核电站

电已成为法国第六大出口产品。日本，由于其常规能源资源短缺，对核电的开发大为重视，目前运转中的51座核电站，供应全国28%的电力总需求，而且日本有关部门到2000年核电量提高了33%。

世界各国之所以竞相发展核电，是因为核电具有明显的优点。

(1）核电用燃料少，可以大大节省运输能力。一座装机容量为60万千瓦的常规火电厂，每天需要“吃”5000吨煤；而同样容量的核电厂，每天仅消耗3千克铀。

目前世界上运行的核电站大都是慢中子反应堆，这种反应堆只用天然铀中的铀－235作燃料，而铀－235在天然铀矿中只占0.715%，占铀元素99%以上的铀－238尚未得到利用，现在世界各国正积极发展快中子增殖反应堆，这种快中子堆能充分利用慢中子堆所不能利用的铀－238和钍－232，从而使铀资源利用率提高60～70倍。法国1986年2月投运的120万千瓦“超凤凰”快中子增殖反应堆，是目前世界上最大的快中子堆。世界上正在运行的几座快中子堆，令人信服地证实了其充分利用铀资源的优越性。

(2）核电厂发电成本低。核电厂的建造投资一般比火电厂高50%左右，但核电的运行成本是便宜的，比煤电低15%以上。尤其是100万千瓦以上的大容量核电机组，发电成本更低。

据专家测算，今后10多年内，建设核电站和火电厂的经济性对比如下：由2台60万千瓦机组组成的核电站与不加除硫装置的燃煤电厂相比，平准花发电成本大致相当。由2台90万千瓦机组组成的180万千瓦核电站与由3台60万千瓦机组组成的燃煤电厂相比，煤电比核电贵8%～10%。由2台120万千瓦机组组成的240万千瓦核电站与由4台60万千瓦

美国三里岛核泄漏

机组组成的燃煤电厂相比，煤电比核电贵 20% 左右。如果火电厂安装除硫装置，核电比煤电就更具有经济性。从单个电厂来看，核电和火电的建造工期差不多。

（3）核电是安全和清洁的。1979 年美国三里岛核电站事故和 1986 年苏联切尔诺贝利核电站事故后，许多人对核电的安全性产生怀疑。其实，不能因为一两次事故就认为核电站不安全。

核电站绝不会像原子弹那样爆炸。因为核电站反应堆大都采用低浓度裂变物质作燃料，其中铀－235 的含量仅占 3% ~4% 。而原子弹中铀－235 的装填比例高达 90% 以上。再说，核电站反应堆还有安全控制手段，使能量释放缓慢地、有控制地进行。当核能因意外情况而释放太快，堆芯温度上升太高时（出现这种情况的可能性极小），链式裂变反应能自行减弱乃至停止。因此，反应堆在任何情况下，都不会发生核爆炸。但为了做到万无一失，防止事故引起放射性污染，核电厂中还设有 4 道放射性保护屏障和应急事故处理系统。

切尔诺贝利核电站

前苏联切尔诺贝利核电站事故是由于采用老式反应堆，管理人员无视安全规程，发生了一连串操作失误造成的。从切尔诺贝利事故中应该得到的教训是，如何严格核电站的管理，从而避免应该能够避免的错误，而不是因噎废食，认为根本就不该建造核电站。

电学伟人和他们的故事

为什么安培未能发现电磁感应

1832 年法拉第宣布他发现了电磁感应之后，安培声称，实际上他在 1822 年就已经发现了一个电流能够感应出另一个电流。这确实是事实。但是这一事实他没有及时发表。1822 年的仲夏，安培在日内瓦重做了他在 1821 年 7 月做过的实验。他的助手是他老朋友的儿子德莱里弗。实验装置如图所示。

图中，DEB 是一个固定在支架上的线圈，它是由很多匝绝缘导线绕成的；F 和 B 是线圈的引线，用来与伏打电堆相连；HIG 是一个由很薄的铜条弯成的铜环，并利用一根穿过线圈的细线把铜环悬挂于小钩下，且使铜环正好同心地悬挂在线圈里面。1821 年的实验是将线圈与电池接通，再把一根磁棒移向铜环，如图所示。在实验中他们没有观察到磁效应。而 1822 年的实验

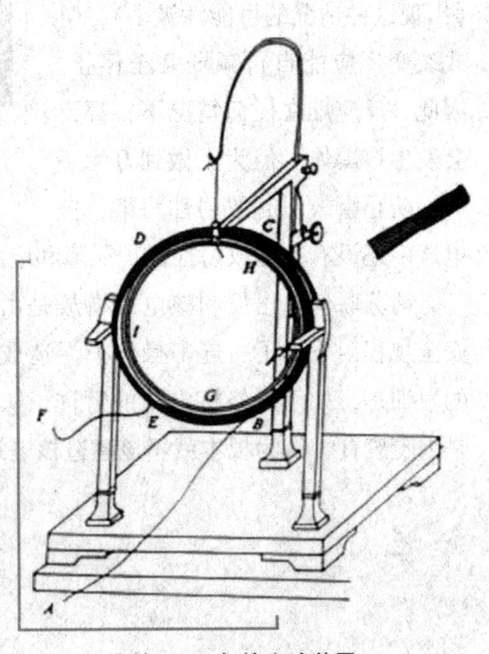

安培 1821 年的实验装置

与1821年的实验相比，唯一不同之处是用一个马蹄形强磁铁代替了磁棒，如下图。关于1822年的实验究竟是怎样进行的，无论从安培的描述还是从德莱里弗的描述看，都不是很清楚。

但是安培确实说过："在电流通过螺旋线圈以前，铜环和磁体之间没有相互作用。"这意味着在电流接通之前，磁体已经放在铜环附近了。在实验中，他们两人都已清楚地观察到由于感应引起的吸引和排斥，使铜环发生偏转，但是都没有指出铜环中电流的瞬时性。

实际上，安培和德莱里弗是无意中制成了一个过阻尼冲击电流计，所以铜环的偏转是很明显的，而且能持续一段时间。但他们两人都不清楚这实验现象可以用来说明什么。德莱里弗仅仅报告说："这个重要的实验表明：有些物质，虽然不能像铁、钢那样被电流永久地磁化，但是当它们受到这种影响时，至少能被暂时地磁化。"

这里，德莱里弗并没有明确指出一个电流感应出另一个电流。在这一方面安培就比德莱里弗讲得清楚。他说："这个实验无疑地证明了感应能够产生电流，除非我们怀疑产生电流的铜环中混杂有少量的铁。"

但是，他们两人都没有意识到这个实验的极大的重要性。实际上，安培在他的报告中竟作出了如此令人惊讶的结论："这个感应能够产生电流的事实，尽管它本身是很有趣的，但它却与电动力作用的普遍理论没有关系。"这一报告结论为我们了解安培对自己的实验发现所持的认识和态度提供了一个依据。

当时，法拉第及其他研究者们正热切期望和努力探索着电磁感应效应，安培本应该对他的发现大加宣传，但是安培却没有这样做。那么，安培为

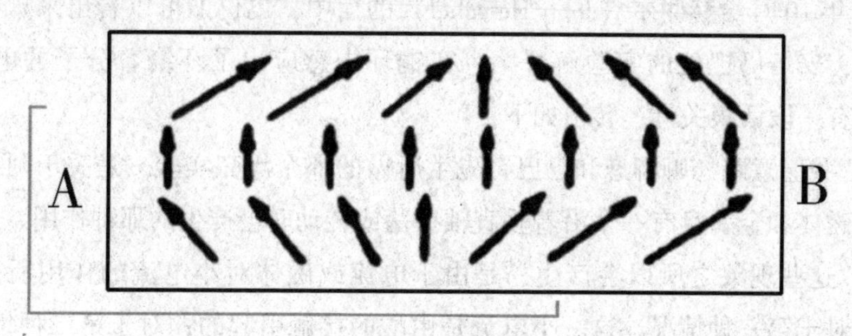

安培对磁性的解释

什么没有利用这一发现以获得他显然渴望得到的不朽声誉呢？在这一点上，各家众说纷坛。罗斯把原因归结为德莱里弗的年轻和缺乏经验，以至于在描述这个实验时没有强调感应电流；而安培则是由于疏忽，没有将他的发现探究到底。布龙德尔（Blondel）则简单地认为安培没有考虑 1822 年的实验结果，因为他坚持的是分子电流的学说。霍夫曼（Hofmann）则解释为：安培发现感应现象，被他同时作出的关于同一导线上的电流元之间相互排斥的“发现”所掩盖，使得安培忽视了感应现象。

其实，布伦德尔的陈述基本上是正确的，但令人难以理解，因为她没有指出隐藏在安培行动背后的原因。

1821 年 9 月，法拉第发现通电导线能绕磁铁旋转。不久，他又创制了著名的电磁旋转器，并发表了批评安培理论的论文。对于新的发现和法拉第的批评，安培不能无动于衷，因为两者似乎都触动了他的新学说的基础。此时，分子电流说对安培已变得极为重要，因此他决不能放弃它。这就导致了他对自己的电磁感应的发现极度轻视。实际上，当德莱里弗宣读安培对该实验的叙述时，安培就在日内瓦，当时他是完全能够作出修正，然而他没有这样做。而对德莱里弗发表在《化学年鉴》上的文章他曾作过一些更改，但却没有修改对感应的叙述。这些事实为我们考察安培当时如何理解和对待感应实验提供了重要的线索。

在当时，安培为了保护他的分子电流理论，很想把同轴电流说否定掉。所以他把实验中由感应所产生的同轴电流也试图解释为分子电流。罗斯曾引用证据说明安培确实否定了同轴电流说。安培的这一指导思想，直到 1825 年 10 月给赫谢尔（John Herschel）的信中，也仍旧可以看出来。在该信中，安培仍把他的实验解释为：在铜环中感应出了环绕着分子的电流。其中有一段话很关键，转引如下：

“我愿意跟您聊聊您和巴巴奇先生所做的那个漂亮实验，是关于阿拉哥发现磁体和金属盘有一个沿着垂直轴振荡或转动时会产生的那种作用。

“这些现象之所以会产生，是由于电流或磁体对小电流的作用所产生的。对于第一种情况，这一小电流是由酸的接触引起的；对于第二种情况，则是由磁体的感应所产生。这是根据我 1822 年在日内瓦所做的实验得到的结果，当时已由德莱里弗发表。我常常遗憾的是，没有时间写这个问题。”

在这段话的前面一节中，安培还描述了一个电流怎样“产生一个非常小的闭合平面电流”，而这个小电流具有这样的行为，使得这种电流的组合能够代替一个永久磁体。这里，安培虽然没有说这些电流就是分子电流，但是这些电流具有分子电流同样大小的数量级，这一点是很清楚的。这表明，此时的安培，显然仍持有与1821年同样的思想。1822年的实验为他证明的只是电流是被感应出来了，但它们并不是与铜环同轴的电流。因此，安培并不想去确定电流方向，他对此是完全不在意的。

安培未能发现电磁感应的原因是安培把他的分子电流理论看得太重要了，而电磁感应只是他最后才希望发现的事情。如果他承认他已经在实验中产生的同轴电流，那就会把他珍贵的理论置于无立足之地。因此，他做了他不得不做的事。他把他原来用以在同轴电流和分子电流之间作出选择的（1821年完成的）实验变成了一项毫无意义的练习。他1822年的实验结论表明：无论他观察到什么，他都会坚持把它解释成分子电流，或者至少是分子大小的电流存在的证据。他完完全全成了自己理论的囚徒。

1822年夏，安培的实验完成不久，法拉第便得知了。他在写给德莱里弗父亲盖斯帕·德莱里弗的信中说：“我认为你提到的安培的实验是非常重要的，尤其是在一个仅仅和伏打电流邻近而没有与之接通的铜片中能够产生磁……”这说明法拉第已经从中得出：产生感应电流所需要的，仅仅是一根载流导线与另一相邻导体。由于这一实验很容易重复，可以相信法拉第从德莱里弗那儿听说后马上就会进行试验。他曾在1925年11月尝试过这个实验，但是探测不到效果，他在19世纪20年代的日记比较粗略，所以这个实验的记录可能没有保存下来。有趣的是，在他的第一集《电学实验研究》中做的是另一类实验，他没有使用铜箔环，而是用了一个铜盘。正像门道泽所指出的，是由于圆盘的转动惯量太大，所以没有观察到安培所看到的效应。

法拉第怎么会出这样的差错呢？这似乎与德莱里弗对该实验的描述含糊不清有关。德莱里弗讲的是“un elame de cuivre”（法文），译成英文就是“a sheet of copper”，意即铜片。尽管安培自己的叙述在法拉第逝世前没有发表过，然而安培的朋友德门夫仑（Demonferrand）出版过一本介绍安培观点的书，安培把它作为对他理论的极好总结，并寄给了法拉第。在该书中说到“un cercle de cuivre”（法文），即“copper circle”（铜圆圈）。卡明把该书译为英文时，重复了这一名词。两书中都有一个示意图，转引如图。德门夫仑的图看上去有点像一根导线被弯成一个圆环，尽管它也很容易与圆盘混淆；而卡明的图看上去就是一个圆盘，怪不得法拉第被引入了迷途。

最后我们可用一个有趣的猜想来结束全文了。如果安培把他的理论暂时放一下，而将他1822年在日内瓦做的实验全部准确地公布出来，那么，法拉第肯定会重复这个实验，而且凭着他的实验天资，会马上从中探索出用电流产生感应电流的必要条件，原电流和感应电流的方向，以及其他所有的与他在1831年独立作出的电磁感应发现中得出的结果相似的结论。这样，电磁感应有可能会提早几年得到发现，而安培也就会得到“最早发现者”的荣誉，用不着在1832年恳求分享这一荣誉了。这里人们也许可以吸取重要的教训。

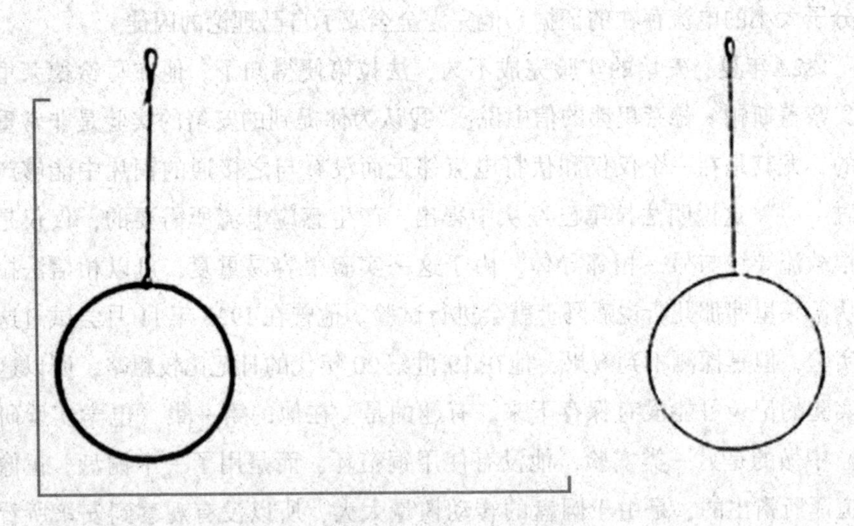

文献中误把铜环（左）当成铜盘（右）

富有而博学的卡尔迪许

最富有的学者，最博学的富豪

据说卡文迪许很有素养，但是没有当时英国的那种绅士派头。他不修边幅，几乎没有一件衣服是不掉扣子的；他不好交际，不善言谈，终生未婚，过着奇特的隐居生活。卡文迪许为了搞科学研究，把客厅改作实验室，在卧室的床边放着许多观察仪器，以便随时观察天象。他从祖上接受了大笔遗产，成为百万富翁。不过他一点也不吝啬。有一次，他的一个仆人因病生活发生困难，向他借钱，他毫不犹豫地开了一张1万英镑的支票，还问够不够用。卡文迪许酷爱图书，他把自己收藏的大量图书，分门别类地编上号，管理得井井有序，无论是借阅，甚至是自己阅读，也都毫无例外地履行登记手续。卡文迪许可算是一位活到老、干到老的学者，直到79岁高龄，逝世前夜还在做实验。卡文迪许一生获得过不少外号，有“科学怪人”、“科学巨擘”、“最富有的学者，最博学的富豪”等。

视名利如天上的浮云

有一次卡文迪许出席宴会，一位奥地利来的科学家当面奉承卡文迪许几句，他听了起初大为忸怩，继而手足无措，终于坐不住站了起来，冲出室外径自坐上马车回家了。卡文迪许沉默寡言，对慕名来访的客人常常一言不发陪坐在旁，脑中想着科学问题，使一些帮闲文人尴尬扫兴。他一生致力于科学研

卡文迪许实验室

究，成果丰硕，但只发表2篇并不重要的论文。

卡文迪许实验室

人们为纪念这位大科学家，特意为他树立了纪念碑。剑桥大学还把卡文迪许工作过的实验室命名为卡文迪许实验室，这个实验室曾经造就了不少有名望的物理学家。

沉睡了100年的手稿

1810年卡文迪许逝世后，他的侄子乔治把卡文迪许遗留下的20捆实验笔记完好地放进了书橱里，谁也没有去动它。谁知手稿在书橱里一放竟是70年。到了1871年，另一位电学大师麦克斯韦应聘担任剑桥大学教授并负责筹建卡文迪许实验室时，这些充满了智慧和心血的笔记获得了重返人间的机会。麦克斯韦仔细阅读了前辈在100年前的手搞，不由大惊失色，连声叹服说："卡文迪许也许是有史以来最伟大的实验物理学家，他几乎预料到电学上的所有伟大事实。这些事实后来通过库仑和法国哲学家的著作闻名于世。"此后麦克斯韦决定搁下自己的一些研究课题，呕心沥血地整理这些手稿，使卡文迪许的光辉思想流传了下来。真是一本名著，两代风流。不啻是科学史上的一段佳话。

自学成才的法拉第

不爱金钱爱科学

法拉第从小就善于思考，经常提出一些有意义的问题。有一天，他到一家订户送报，突然对花园的栏杆出了神，心想：如果我的头伸进栏杆里，而身子还在栏杆外，那么我究竟应该算在栏杆的哪一边呢？法拉第好提问题，以至别人这样来形容他：他的头"老是往前伸着，好像随时准备向别人提问题似的。"

法拉第在书店学徒时，他不但博览群书，而且用它们作指导，在宿舍

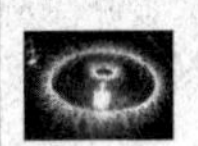

里做了许多实验。他的工钱除了吃饭以外，几乎全部花在买实验用品上。后来法拉第听了戴维的讲演，更下定了“献身于科学”的决心。据说法拉第为了进皇家学院工作，戴维曾经同他进行过如下的谈话，戴维一边指着自己手上、脸上的伤疤，一边对法拉第说：“牛顿说过：‘科学是个很厉害的女主人，对于为她献身的人，只给予很少的报酬。’她不仅吝啬，有时候还很凶狠呢。你看，我为她效劳十几年，她给我的就是这样的奖赏。”法拉经坚定地说：“我不怕这个！”戴维又说：“这里工资很低，或许还不如你当订书匠挣的钱多呢！”法拉第回答说：“钱多少我不在乎，只要有饭吃就行。”戴维追问一句：“你将来不会后悔吧？”法拉第频频点头说：“我决不后悔！”就这样，法拉第正式踏进了科学的殿堂。

法拉第在科学的征途上走过了半个多世纪，他始终如一地实践了自己“献身于科学”的诺言。由于法拉第在电学和化学研究上出了名，有一段时间，法院曾经聘请他做专家作证的工作。在不到一年时间里，法拉第获得了5000镑的报酬。这时候，一位朋友劝法拉第辞去皇家学院的研究工作，告诉他“如果继续干下去，每年可以稳赚2.5万镑”。当时皇家学院每年给法拉第的报酬只有500镑。爱科学不爱金钱的法拉第经过郑重考虑，为了专心进行科学研究，毅然辞去了专家作证的工作。

法拉第经常不分昼夜地在实验室里工作，为了利用每一分钟时间，凡是和实验无关的事情，他尽量推辞、谢绝。他不去朋友家吃饭；不上剧院看戏。他不停地做实验，记笔记。在他的实验日记上，记满了“没有效果”、“没有反应”、“不行”、“不成”等字样。1855年出版的8卷《法拉第日记》就是他日夜辛勤工作的明证，他的一系列重大科学成果，就是他心血和汗水的结晶。法拉第退休以后还念念不忘皇家学院实验室，经常去那里扫地、擦桌子、整理仪器。

法拉第不计较名誉地位，更不计较钱财，他拒绝了制造商的高薪聘请，谢绝了大家提名他为皇家学会会长和维多利亚女王授与他的爵位，终身在皇家学院实验室工作，甘愿当个平民。1867年8月25日，他在伦敦去世。尽管法拉第一生中获得各国赠给他的学位和头衔多达94个，而遵照他的“一辈子当个平凡的迈克尔·法拉第”的意愿，他的遗体被安葬在海洛特公墓，墓碑上只刻着3行字：迈克尔·法拉第，生于1791年9月22日，殁于1867年8月25日。后人为了纪念法拉第，特意用他的名字来命名电容的单位，简称“法”。

坐在椅子上平静地离开了人间

法拉第在研究电感应和磁感应传播时，一时还不能完整地表述出自己的新思想，感到数学基础也不够，于是他把自己的想法先写了下来，信中说：

我倾向于把磁力从磁极向上散布，比作受扰动的水面的振动，或者比作声音现象中空气的振动；也就是说，我倾向于认为，振动理论将适用于电和磁的现象，正像它适用声音，同时又很可能适用于光那样……

法拉第小心翼翼地将信封好，存放在皇家学院的保险箱里，希望有一天自己的想法会有知音，并得到发展和证实。光阴荏苒，弹指整整23年过去了，还未见有人问津这个领域，此时法拉第已经垂垂老矣。想到自己的理论也许再要过100年才能人发现，心里不觉有点凄然，他感叹说道：“那个时候我也许是看不见喽！”且说那天法拉第正在叹息不已时，突然，放在桌上新到专业期刊上一篇醒目的标题跳入了他的眼帘：《论法拉第的力线》。法拉第一阵激动，他如饥似渴地将论文读了一遍，真是一篇好文章啊！文章把法拉第充满力线的比作一种流体场，又借助了流体力学的研究成果，推导出一组矢量微分方程。法拉第想自己从小失学，最缺的就是数学，现在突然降下了这么一位理解自己思想，又长于数学和帮手，真是高兴得乐不可支。“哈哈，我的理论后继有人了！”法拉第感到无限的欣慰。

几年后，也就是1860年，70高龄的法拉第在自己的寓所里会见了比他年轻40岁的麦克斯韦，他高兴地说：“当我知道你用数学来构造这一主题，起初我几乎吓坏了，我惊讶地看到，你处理得如此之好啊！”“先生能给我指出论文的缺点吗？”麦克斯韦腼腆地说，“这是一篇出色的文章，”法拉第想了想说：“可是你不应当停留于用数学来解释我的观点，而应该突破它。”这句话鼓励了麦克斯韦不懈地努力，去攀登经典电磁理论的顶峰，他终于在1865年前建立起了完整的电磁场理论方程。

1867年8月25日幸运的法拉第在看到了自己的理论后继有人，经典电磁学理论大厦完全竣工之后，坐在椅了上平静地离开了人间。

敢于揭穿雷电秘密的第一个人——富兰克林

闷热的夏天的午后，天空里堆积起大块的云。一霎时，气温突然下降，狂风、骤雨、电闪、雷鸣，跟着都来了，还可能夹着冰雹。

雷雨的时间短，面积小，可是从全球来说，雷雨的发生场数却多得惊人。据说每天44000多场，在任何时间内，都有1800场雷雨正在进行。

雷雨时发生的“电闪雷鸣”，往往使高大建筑物、树木和人畜遭到雷击。

闪电和打雷究竟是什么现象？在美国科学家富兰克林进行的历史上著名的“费城实验”之前，人们给它披上了一层神秘的外衣，认为这是“上帝之火”，是“天神发怒”的现象；还有少数科学家认为，雷电是一种天上的毒气云爆炸的结果。

富兰克林不信这一套。这位科学家已对摩擦产生的静电进行过长期的观察研究，发现闪电和它有许多共同之处。为了发现天上闪电打雷的秘密，他冒着生命危险进行了捕捉雷电的实验。

1752年7月一个雷雨交加的日子，在美国费城郊外一间四面敞开的小木棚下，富兰克林和他的儿子威廉，将一只用丝绸做成的风筝放上了天空，企图引下天空中的雷电。风筝顶端缚了一根尖细的金属丝，作为吸引电的“先锋”，中间是一段长长的绳子，打湿以后就成了导线。绳子的末梢系上充作绝缘体的绸带，绸带的另一端则在试验者的手中，在绸带和绳子的交接处，挂上一把钥匙。为了避免吸引下来的电通过试验者而造成触电，手中的绸带必须保持干燥，这就是富兰克林躲在小木棚下的原因。

随着一道长长的闪电，风筝引绳上的纤维丝纷纷都竖立起来，富兰克林心里一阵高兴，禁不住把左手伸过想抚摸一下，忽然“哧”的一声，在他的手指尖和钥匙之间跳过一个小小的火花。富兰克林只觉得左半身麻了一下，手不由已地缩了回去。“这就是电！”他兴奋地叫喊道。

富兰克林在给他的朋友柯灵逊的信中，比较详细地谈到了当时试验的情况。他写道："当带着雷电的云来到风筝上面的时候，尖细的铁丝立即从云中吸取电火，风筝和绳子全都带了电，绳子上的松散纤维向四周竖起来，可以被靠近的手指所引。当雨点打湿了风筝和绳子，以致电火可以自由传导的时候，你可以发现电火从钥匙向你的指节大量地流过来。用这个钥匙，可以使莱顿瓶充电；用充得的电火，可以点燃酒精，也可以进行其他电气实验，像平常用摩擦过的玻璃球或玻璃管来做电气实验一样。于是，带着闪电的物体和带着普通电的物体之间的相同之处就完全显示出来了。"

富兰克林风筝实验

"费城实验"的结果，令人信服地证明了天空中的闪电和地面物体摩擦产生的电是属于同一种物理现象，天电和地电的性质是一样的。不久，富兰克林写了一篇《论闪电和电气相同》的论文，寄给英国皇家学会，希望对他的雷电本质的阐述能引起应有的重视。但是，他的科学成果受到了意外的冷遇。当富兰克林的论文在皇家学会的会议上宣读时，引起的反应只是一阵轻蔑的嘲讽和怀疑。这些"大学者"们不相信，科技落后的美洲的一个小人物居然会比他们还有能耐。

但是，富兰克林的观点有科学实验做基础，任何权威也否认不了。正如他自己所说："我所说的都是实验的描写，任何人都能复试和证明，如果不能证明，也就无法辩护。"过了不久，法国科学家特里布尔在巴黎成功地重复了富兰克林的"费城实验"，甚至被国王路易十五请去进行了表演。这样一来，欧洲科学家才开始承认富兰克林的研究成果，渐渐改变了对他的偏见，后来甚至还接纳他为英国皇家学会的会员，授予他柯普利金质奖章。

在雷电实验中富兰克林已经了解到，雷电现象是一种大规模放电现象。

原来，雷雨是从天空里堆积得像高高的山峰似的积云中落下来的。而

积云在下雨前模样儿很宁静，里面却在剧烈地翻腾着。小水珠并成了水滴要往下落，跟上升的空气发生猛烈的冲突。水滴和空气摩擦，使云带了电；空气带着负电升到云的顶部，水滴带着正电降到云的底部。因此云的顶部负电越积越多，云的底部正电越积越多。地面受了云的底部的正电的感应，也带了负电。

当大颗的水滴终于冲破上升气流从云端里掉下来时，天空里树枝状的电光一闪一闪，雷声隆隆。这些闪电，有的从一块积云的顶部一直贯穿到底部，有的发生在两块积云之间，有的则发生在积云和地面之间。给闪电穿过的空气立刻猛烈爆炸。要是闪电离我们近，我们眼前一亮，紧接着听到一声清脆的霹雳；要是离得远，电光闪过后，得过一阵子才能听到隆隆声，这是由于声音在空气中传播速度比光要慢得多的缘故。

富兰克林认识到，如果能用某种方法阻止电荷的大量聚集，雷击就可以避免。它根据雷电可以引导下来的原理，在费城实验的第二年，做成了世界上第一套避雷装置，富兰克林把它取名为“避雷针”。

不过其实富兰克林并不是最早发明避雷针的人，我们的祖先远在富兰克林之前就发明了避雷装置，并在实践中应用。据《后汉书》记载，一次当时的重要宫殿未央宫和柏梁台遭雷电袭击发生火灾不久，就有一位名叫“勇之”的方士向汉武帝建议，在宫殿的屋脊上安装“鸱鱼”来防止灾难。此后2000年来，我国古建筑的屋脊上大多安装了这一类金属瓦饰，有的是龙、有的是飞鱼和雄鸡。虽然它们形状各异，却都有尖状物指向天空。尽管没有引导线与地面连接，但大雨淋湿的屋檐和墙壁，自然起到了接地的作用。由于这类瓦饰高于建筑物之上，即使是猛烈的落地雷，也通常只是击毁了瓦饰而保全了建筑物主体。

大约在三国时期，工匠人们已经意识到接地的重要，他们在建造远远高于一般建筑的古塔时，顶部安装了钢铁制造的“葫芦串”，自然着眼于避雷的目的。而且还把它与涂了金属粉末容易导电的塔心柱连接起来，柱的下端又设置了贮藏金属的龙窟，组成了一套十分完整的避雷装置。如江苏省高淳县的保圣寺塔始建于公元229年的三国时期，塔高31.5米，远远高于周围的建筑群，由于塔顶安装了4米高的铁制古刹，由覆钵、木轮和宝葫芦等部分组成，至今历经千年风雨而从未遭雷击。明代，由金属杆、接地线组成的完整的避雷装置也出现了。明初工部侍郎萧询在《故宫遗事》一书中记道，他亲眼看见当时北京万寿山（今北海公园琼岛）绝顶的广寒殿旁“设有铁杆，高数丈，上置金葫芦三个，引铁链于地”，据说是为了“镇龙”，其实是为了“防雷”。1688 年西方传教士马卡连来华，在《中国札记》上写道：“中国有些建筑物的屋顶上有一种叫做龙的装饰物，它头部仰向天空，张着嘴。这些怪物向上伸出的舌头是根尖端的金属芯子，另一端和埋在地下的金属相接，能让雷电跑到地面去而不伤害建筑物。”就按这位西方人的记载来算，也要比富兰克林早了 70 余年！

永不言败的开尔文

“第十一条诫律”

开尔文出身于一个由于宗教压迫而离国逃迁的苏格兰誓约派教徒的家族。10 岁时丧母。父亲是格拉斯哥大学的自然哲学教授。他为他的 6 个子女，提供了一套旨在保护他们的心灵而磨砺他们智力的教育方式。他所设计的这个教育方式，既有广度，又有深度。几乎从婴儿时期起，孩子们的成长就与思想的广阔天地结成友谊。他们被地质学和天文学的原理所吸引，而植物则是他们游玩时的小伙伴。当他们围坐在桌子四周时，他们惊奇地注视着桌上的玩具地球仪；他们梦想着到地球上最遥远的地方去遨游。而后他们的眼睛又转移到另外一个更大的球体上。这是他们的父亲为他们购买的一个天球仪——它讲出了天体的史诗，而地球只不过是这个伟大史诗中一个小小的音节而已。

开尔文在弟兄中排行最小，但他的想象力却是最敏捷的。他发现自己完全被这两个球的故事迷住了。尽管年龄还小，他已决心接受挑战，把这个故事的神秘弄清楚。当他还只有 16 岁时，就在日记中写下了第十一条诫律。正如十诫是宗教对他的良心的召唤一样，这第十一条诫律则是心智对开尔文理性的召唤：

科学领路到哪里，就在哪里攀登不息；

前进吧，去测量大地，衡量空气，记录潮汐；

去指示行星在哪一条轨道上奔跑，去纠正老黄历，叫太阳遵从你的规律。

第一所现代实验室在酒窖里诞生

开尔文的智力成熟得很快。他17岁进入剑桥大学，18岁就写出了一篇杰出的热力学方面的论文，还在《剑桥数学学报》上发表了几篇文章。毕业时，他认识了法国和英国一些第一流物理学家，并对他们提出颇有价值的研究建议。22岁时，他被任命为格拉斯哥大学教授。

大学里文质彬彬的苏格兰同事们，对于开尔文的血气方刚的那种进取劲头，颇有点受不了。开尔文刚刚被选拔到很多白发苍苍的对手们求之不得的光荣职位上，就决定在格拉斯哥的物理系来一场革命。他到几个老前辈那里，申请拨给他一间房子，以便进行课堂以外的实验。这种狂妄气焰是他们前所未闻的。多年以来，节约成癖的苏格兰教授们满足于把实验统统挤到教室里去进行。这个刚被提升的小伙子竟然要求自己占一间房子，天下哪有这个道理？

然而，他们的好奇心战胜了他们的反感。“假若你一定要的话，那么你可以把那间地窖拿去，我们把那些酒桶搬走就是了。”

这样，英国的第一所现代实验室，就在一个酒窖里诞生了。

用塔顶楼作思考的房屋

年轻的开尔文的工作劲头，就像一股龙卷风。他就是他自己提出的动力学理论的化身。他从班级里的90个学生中，挑选了30人，组成了一个志愿队伍，他促使他们飞快地工作。工作成果累积得如此之快，以致他发现他需要更多的空间——“再给我一间作思考的房屋。”

他的同事们又奇怪地看着他了。他们说：“你用那间塔顶楼好了。”

从早到晚，他钻入深处，爬到高处，进行实验活动或抽象的设想。晚上，他散步回家——只有50码之遥——把一个技术专家的身躯和一个哲学家的心灵送进了睡乡——一个身强力壮的人的休憩。

把证明“浸透”到学生心里

对于学生来说，这位冷热无常的大教授是很令人兴奋的。没有人知道他下一步会干什么。有一天，他的朋友德国科学家亥姆霍兹来到他的实验室，参观开尔文进行陀螺仪的实验。一个厚的金属圆盘正在快速旋转。大教授打算证明，圆盘在旋转中，应该是垂直不动的，从而可以用类比法来说明，地球就其轴心来说，也是垂直不动的。突然间，他抓起一个钉锤，对着圆盘猛击了一下。金属圆盘失去平衡，马上向离心方向飞去，恰巧击中了衣帽架上悬桂着的亥姆霍兹的帽子，并将帽子砸破了。学生们哄堂大学。亥姆霍兹无可奈何，只得也随着大家笑了。开尔文倒是满天真的，他轻描谈写地说：“出了点毛病，我会赔你一顶新帽子的。”

他的话从不沉闷。他说：“我取消了上课宣读发了霉的论文的办法。”他的课堂和实验室堆满了各种各样的仪器，真是五花八门，样样俱全。小配件堆积在桌上，有的吊在天花板上，有的还挂在墙上。至于大件，有一套三件的螺旋弹簧振荡器；一座30英尺长的摆钟，摆的尾巴上还悬挂着一个12磅（1磅≈0.4536千克）重的炮弹；一部怪样子的机器，里面装着许多的弹子球，球不断地向各个方向滚动，借以揭示星云的动力学运动；此外还有成堆的陀螺仪。他把一个陀螺仪放在另一个陀螺仪上面旋转，借以研究行星的运动。他把这些陀螺仪用各种方式放到一起，扭来扭去。在课堂的一角，从天花板上吊下一件看上去平凡无奇的装置——一个覆盖着橡皮薄膜的金属圈，是用来揭示露滴的性质的。有一天，他叫人弄了水来，把水浇在金属圈上，使橡皮往下垂胀。加上更多的水。最后橡皮破裂，“像一个负载过重的露滴”。水一直泼到了教室前排学生的头上。教授笑了，“我向来喜欢把我的证明浸透到你们的心里去。”

“每个困难一定有解决的办法”

开尔文的思想很丰富，数学能力很强，在物理学的各个方面都开辟了许多新的道路。他在当时科学界享有极高的名望，受到英国本国和欧美各

国科学家的推崇。他的科学观点可以引用1800年5月他在伦敦皇家研究所关于大气电学的讲演中对现象与本质问题的话来说明：

“常常提出这样的问题，人们是否只管事实和现象，而放弃追究隐藏在现象后面的物质的最终性质呢？这是一个必然由纯正哲学者回答的问题，它不属于自然哲学的范围。但是近许多年来世界上看到从这个屋子的实验结果中所发生的，在实验科学史上未曾有过的一连串的令人惊奇的发现。这些发现必然把人们的知识引导到这样一个阶段，将使无生物世界的规律表现出每一现象基本上与所有全体现象相连，而无穷无尽的多样化的运用规律所达到的统一性将被认为是创造性智慧的产物。”

这一段话表达了开尔文的理想，他想象一个完善的统一的理论，能把世界的现象包罗无遗。他的意志是坚强的。他在1904年出版的《巴尔的摩讲演集》的序言上关于如何对待困难有这几句话：

“我们都感到，对困难必须正视，不能回避；应当把它放在心里，希望能够解决它。无论如何，每个困难一定有解决的办法，虽然我们可能一生没有能找到。”

开尔文终生不懈地致力于科学事业，他不怕失败，永远保持着乐观的战斗精神。1896年，在纪念他在格拉斯哥大学任教50年的会上，他说过：“我在过去50年里所极力追求的科学进展，可以用‘失败’这个词来标志。我现在不比50年以前当我开始担任教授时知道更多关于电和磁的力，或者关于以太、电与有重物之间的关系，或者关于化学亲合的性质。在失败中必有一些悲伤；但是在科学的追求中，本身包含的必要努力带来很多愉快的斗争，这就使科学家避免了苦闷，而或许还会使他在日常工作中相当快乐。”开尔文的这段话，可以说是对自己的科学生涯的总结。

“开尔文勋爵，研究生”

他更老了。他抱怨光阴流逝得太快。“一秒钟是太短促了，我们需要长一些的时间量度。”每天，他口授几个小时，身旁有两名秘书，一左一右。两名秘书各自记录他分别口授的东西，题目各不相同。

而现在，他已经快走到生命之路的尽头了。用毕生时间搞出来的学说和发明，眼看就要被更新的一些学说和发明挤进阴暗的角落里。威廉·伦琴、亨利·贝克勒耳以及玛丽·居里等人，他们为将来开辟了多么丰富的研究园地！在科学的世界观方面，他们又进行了一场什么样的革命！比起他们来，他又显得多么渺小和不足！在他担任格拉斯哥大学教授50周年纪念日时，他有点自嘲地笑了。

任职50周年庆祝后又过了3年，他辞去了格拉斯哥大学教授的职务。董事会希望他不要退休，继续工作。但是他摇摇头。“请不必感情用事吧，我已经没有什么用处了。”

他最后一次看到了他的学生们。“我最近相信，当一个人老了的时候，他在家内炉边最欣赏的，就是那些把他带回到大学生活时代的照片……使你们的生活充满光明和纯洁的那些照片……”就这样，他离开了他的教授岗位，可是并没有离开格拉斯哥大学。只要一息尚存，他无法割断他同格拉斯哥的纽带。1899年，当学年开始时，这位76岁的年迈学者，同大学本科生一道，走进注册室，也报了名：“开尔文勋爵，研究生。”他终于懂得，他不能再教了；从现在起，他只是学。

幸运儿麦克韦斯

从“乡巴佬”到“神童”

麦克斯韦8岁那年，母亲去世，但在父亲深情的关照和详尽的指导下，加上自己的勇气和求知欲，麦克斯韦的童年仍然充满着美好。当他10岁进入爱丁堡中学读书时，衣着土里土气，带着浓重的乡下口音，在班里受到出身名门的富家子弟的嘲笑、欺侮，叫他“乡巴佬”，但他十分顽强，勤奋学习，不受干扰，很快就显示出自己的才华，扭转了别人的看法。他在全校的数学竞赛和诗歌比赛中都取得了第一名，成了有名的“神童”。“神童”不是天生的，是他强烈的求知欲望和刻苦钻研的结果。

麦克斯韦从小就有很强的求知欲和想象力，爱思考，好提问。据说还在他2岁多的时候，有一次爸爸领他上街，看见一辆马车停在路旁，他就问："爸爸，那马车为什么不走呢?"父亲说："它在休息。"麦克斯韦又问："它为什么要休息呢?"父亲随口说了一句："大概是累了吧?""不，"麦克斯韦认真地说，"它是肚子疼!"还有一次，姨妈给麦克斯韦带来一篮苹果，他一个劲地问："这苹果为什么是红的?"姨不知道怎么回答，就叫他去玩吹肥皂泡。谁知他吹肥皂泡的时候，看到肥皂泡上五彩缤纷的颜色，提的问题反而更多了。上中学的时候，他还提过像"死甲虫为什么不导电"，"活猫和活狗摩擦会生电吗"等问题。父亲很早就教麦克斯韦学几何和代数。上中学以后，课本上的数学知识麦克斯韦差不多都会了，因此父亲经常给他开"小灶"，让他带一些难题到学校里去做。每当同学们欢蹦乱跳地玩的时候，麦克斯韦却进入了数学的乐园，他常常一个人躲在教室的角落里，或者独自坐在树阴下，入迷地思考和演算着数学难题。

麦克斯韦幼年

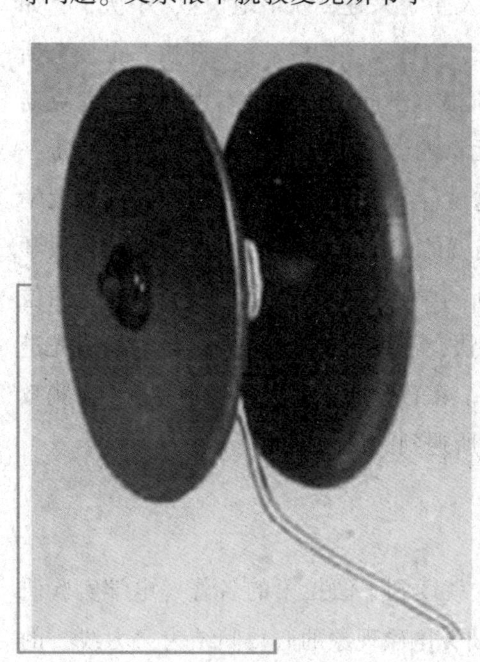

他自己做的玩具

麦克斯韦在上课的时候，总是认真听讲，积极思考。他不但爱提一些别出心裁的问题，而且还能纠正老师讲课中出现的错误。据说有一次，他发现一位讲师写的公式有错误，立即站起来作了报告。老师很自信，挖苦地说："如果是你对了，我就把它叫做麦氏公式!"后来老师回家一验算，果然是麦克斯韦对了。

巧遇名师

19 岁的麦克斯韦初到剑桥，一切都觉得新鲜。这一时间，麦克斯韦专攻数学，读了大量的专门著作。不过，他读书不大讲系统性。有时候，为了钻研一个问题，他可以接连几个星期什么事都不干；有时候，他又可能见到什么读什么，漫无边际。

这个善于学习和思考的年轻人，需要名师点拨，才能放出异彩。幸运的是，一次偶然的机会，麦克斯韦果然遇到了一位好老师，这就是霍普金斯。霍普金斯是剑桥大学数学教授，一天，他到图书馆借书，他要的一本数学专著不巧被一位学生先借走了。那书是一般学生不可能读懂的，教授有些奇怪。他询问借书人名字，管理员答道"麦克斯韦"。教授找到麦克斯韦，看见年轻人正埋头摘抄，笔记本上涂得五花八门，毫无头绪，房间里也是乱糟糟的。霍普金斯不禁对青年发生了兴趣，诙谐地说："小伙子，如果没有秩序，你永远成不了优秀的数学物理家。"从这一天开始，霍普金斯成了麦克斯韦的指导教授。霍普金斯很有学问，培养过不少人才。麦克斯韦在他的指教下，首先克服了杂乱无章的学习方法。霍普金斯对他的每一个选题，每一步运算都要求很严。这位导师还把麦克斯韦推荐到剑桥大学的尖子班学习，这个班由有多方面成就的威廉·汤姆生（开尔文）和数学家斯托克主持，他俩也曾是霍普金斯的学生，数学造诣都很高。经这两位优秀数学家的指点，麦克斯韦进步很快，不到 3 年，就掌握了当时所有先进的数学方法，成为有为的青年数学家。霍普金斯曾对人称赞他说："在我教过的所有学生中，毫无疑问，这是我所遇到的最杰出的一个。"

接过大师的火炬

1854 年，麦克斯韦毕业后不久，就读到了法拉第的名著《电学实验研究》。法拉第在这书中，把他数十年研究电磁现象的心得归结为"力线"的概念。法拉第做了一个构思精细、设计巧妙的实验：把铁粉撒在磁铁周围，铁粉就呈现出有规则的曲线，从一磁极到另一磁极，连续不断。法拉第把这种曲线称为力线；他还进一步用实验证明，这种力线具有物理性质。他把布满磁力线的空间称为磁场，而磁力就是通过连续磁场传递的。麦克斯韦完全被书中的实验和新颖的见解吸引住了。法拉第的著作，把他带到一个崭新的知识领域，使他无比神往。

一年之后，24 岁的麦克斯韦发表了《法拉第的力线》，这是他第一篇关于电磁学的论文。在论文中，麦克斯韦通过数学方法，把电流周围存在磁力线这一特征，概括为一个数学方程。这一年，恰好法拉第结束了长达 30 多年的电学研究，在科学笔记上写下了最后的一页。麦克斯韦接过了这位伟大先驱手中的火炬，开始向电磁领域的纵深挺进。

4 年后，在一个晴朗的春天，麦克斯韦特意去拜访法拉第。他们虽然通信几年了，还没有见过面。这是一次难忘的会晤。两人一见如故，亲切交谈起来。

阳光照耀着这两位伟人。他们不仅在年龄上相隔 40 年，在性情、爱好、特长等方面也颇不相同，可是他们对物质世界的看法却产生了共鸣。这真

麦克斯韦对库仑定律的验证

是奇妙的结合：法拉第快活、和蔼，麦克斯韦严肃、机智。老师是一团温暖的火，学生是一把锋利的剑。麦克斯韦不善于说话，法拉第演讲起来娓娓动听。

两人的科学方法也恰好相反：法拉第专于实验探索，麦克斯韦擅长理论概括。

在谈话中，法拉第提到了麦克斯韦4年前的论文《法拉第的力线》。当麦克斯韦征求他的看法时，法拉第说："我不认为自己的学说一定是真理，但你是真正理解它的人。"

"先生能给我指出论文的缺点吗？"麦克斯韦谦虚地说。

"这是一篇出色的文章"，法拉第想了想说，"可是你不应停留于用数学来解释我的观点，而应该突破它。"

"突破它！"法拉第的话大大地鼓舞了麦克斯韦，他立即以更大的热忱投入了新的战斗，要把法拉第的研究向前推进一步。

麦克斯韦在紧张的研究中，2年的时光过去了。这是努力探求的2年，也是丰收的2年。

1862年，麦克斯韦在英国《哲学杂志》上，发表了第二篇电磁论文《论物理的力线》。文章一登出来，立即引起了强烈的反响。这是一篇划时代的论文，它与7年前麦克斯韦的第一篇电磁论文相比，有了质的飞跃。因为《论物理的力线》，不再是法拉第观点单纯的数学解释，而是有了创造性的引伸和发展。

教授与爱犬

麦克斯韦教授每天都到剑桥大学的卡文迪许物理实验室去。他巡视每个人的工作，但在任何地方都不过多地停留。有时他沉湎于自己的思考之中，竟然连学生向他提出的问题都听不见。因此，当第二天教授走到某个学生身旁对他说话时，这个学生会感到出乎意外的愉快。

"哦，昨天是您向我提出了一个问题，我考虑过了，可以告诉您……"

教授的回答自然是全面而详尽的，这里无须再加说明。麦克斯韦一向尽力使他的学生们相信，他只是向他们提出建议，而不想让他们把他的话

当作是教训，仅仅是建议而已。

为使巡视实验室的工作尽量显得随便、自然，他到哪儿去的时候几乎总带着一条小狗，狗的名字叫托比，是他从格林列依带来的。

“假如散步不带着狗，我就觉得自己很糊涂。”麦克斯韦总喜欢重复这句话。

托比在实验室里表现很好，当离它不远的地方由于放电而“拍、拍”作响时，它就发怒地叫起来，显出一副惊恐不安的样子，直到主人抚摸它后，才安静下来。它能满足主人的一切要求，即使把电极触在它颈上也可以，这时托比悄悄地叫几声，不过是装装样子而已。

有人在卡文迪许实验室的记事簿上发现有这样的记载：狗毛摩擦放电要大于猫毛摩擦放电。托比在实验室似乎应该为狗的同类捍卫这种荣誉。通常将托比安置在一个专门的坐垫上，之后，人们就用毛皮来摩擦。出于对主人的恭顺，托比忍耐着，而心里多半指望这一切能够早点结束。

韦伯和高斯的一个实验

成功了的喜悦难于言表

瞧，又一次试验，这回两人各自坐在自己的地方。韦伯坐在学校物理实验室里，而比他年长的朋友和同伴、天文台台长和数学教授卡尔·弗里德里希·高斯则坐在天文台里。

韦伯刚刚“拍发”完第一条消息，不觉陷入了沉思。他不再挪动手摇发电机上的线圈，高斯已经在线圈上缠了7000匝。

“应该接收到！应该！”韦伯思忖着。

而后，他怀着抑制不住的激动心情，拿起了雨衣，向市内跑去。

这时，高斯正朝他亲自设计的磁强计俯着身子，不断摆动着的指针停住了，一种难以名状的幸福感涌上了心头。他再次看了看那条消息，那是韦伯发给他的，与他们俩事先约定好的电码完全相符，这是很普通的电码——指针在这个或那个方向上偏转多少次，早就谈定了。高斯迫不急待地翻译电码。

突然，敲门声打断了他的工作，门口出现了韦伯那探询的目光。不待他发问，高斯简单地说了声：

“成功了。”

韦伯深深地吸了口气。瞬间，一片沉寂，然后，两个朋友聊了起来。他们兴致勃勃地开始筹划建立哥廷根和汉诺威、汉诺威和伯尔尼之间的电报联络，而再往后呢？越过高山和大海、跨过冰川和草地——欢乐和忧愁的信息以闪电般的速度传向四面八方，也正是这欢乐与忧愁谱写着人类的生活……

给世界带来光明的人——爱迪生

爱迪生发明电灯的原因

爱迪生小的时候家里是很穷的，当时的蜡烛和煤油都是非常之贵的物品，几乎都要靠进口。然后爱迪生每天想啊想啊想啊，终于想到了一个很好的办法，因为当时最便宜的就是电源。所以爱迪生就把发光器连接上电源之后产生了照明用的光来造福全世界贫穷的人们。

一个大雪天的夜晚，爱迪生的妈妈突然生病了，爸爸急忙找来医生。医生说：“你妈妈得了急性阑尾炎，需要开刀做手术。”那时候只有油灯没有电灯，油灯的光线很暗，一不小心就会开错刀。爱迪生突然想起一个好办法，他把家里所有的油灯全都端了出来，再把一面镜子放在油灯的后面，让医生顺利的做完了手术。医生说：“孩子你是用你的智慧和聪明救了你的妈妈。”爱迪生拉着妈妈的手说：“妈妈我要制造一个晚上的太阳。”

从那以后，爱迪生产生了发明灯泡的想法。

发明电灯的艰苦过程。

爱迪生在1877年开始了改革弧光灯的试验，提出了要搞分电流，变弧光灯为白光灯。这项试验要达到满意的程度，必须找到一种能燃烧到白热的物质做灯丝，这种灯丝要禁得住热度在2000℃1000小时以上的燃烧。同时用法要简单，能禁受日常使用的击碰，价格要低廉，还要使一个灯的明和灭不影响另外任何一个灯的明和灭，保持每个灯的相对独立性。为了选择这种方法做灯，这在当时是极大胆的设想，需要下极大的工夫去探索，去试验。爱迪生先是用炭化物质做试验，失败后又以金属铂与铱高熔点合金做灯丝试验，还做过用矿石和矿苗共1600种不同的试验，结果都失败了。但这时他和他的助手们已取得了很大进展，已知道白热灯丝必须密封在一个高度真空玻璃球内，而不易熔掉的道理。这样，他的试验又回到炭质灯丝上来了。仅植物类的炭化试验就达6000多种。他的试验笔记簿多达200多本，共计4万余页，先后经过3年的时间。他每天工作十八九个小时。每天清早三四点的时候，他才头枕两三本书，躺在实验用的桌子下面睡觉。有时他一天在凳子上睡三四次，每次只半小时。

到了1880年的上半年，爱迪生的白热灯试验仍无结果，就连他的助手也灰心了。有一天，他把试验室里的一把芭蕉扇边上缚着一条竹丝撕成细丝，经炭化后做成一根灯丝，结果这一次比以前做的种种试验都优异，这便是爱迪生最早发明的白热电灯——竹丝电灯。这种竹丝电灯继续了好多年。直到1908年发明用钨做灯丝后才代替它。爱迪生在这以后开始研制的碱性蓄电池，困难很大，他的钻研精神更是十分惊人。这种蓄电池是用来供给原动力的。他和一个精选的助手苦心孤诣地研究了近10年的时间，经历了许许多多的艰辛与失败，一会儿他以为走到目的地了，但一会

爱迪生和电灯

儿又知道错了。但爱迪生从来没有动摇过，而再重新开始。大约经过5万次的试验，写成试验笔记150多本，方才达到目的。

爱迪生对我们启示

当人们点亮电灯时，每每会想到这位伟大的发明家，是他，给黑暗带来无穷无尽的光明。1979年，美国花费了几百万美元，举行长达1年之久的纪念活动，来纪念爱迪生发明电灯100周年。

爱迪生一生只上过3个月的小学，他的学问是靠母亲的教导和自修得来的。他的成功，还应该归功于母亲自小对他的谅解与耐心的教导，才使原来被人认为是低能儿的爱迪生，长大后成为举世闻名的“发明大王”。

有人作过统计：爱迪生一生中的发明，在专利局正式登记的有1300种左右。1881年是他发明的最高纪录年。这一年，他申请立案的发明就有141种，平均每3天就有一种新发明。

伟大发明家爱迪生的一生告诉我们：巨大的成就，出于艰巨的劳动。

莫尔斯——电报

塞缪尔·莫尔斯（1791～1872年），本来是一名著名的画家。1826～1842年任美国画家协会主席。但一次平常的旅行，却改变了莫尔斯的人生轨迹。电报机也因此而登上了历史舞台，通信史翻开了崭新的一页。

1832年，莫尔斯已经41岁了，在法国学了3年绘画后坐轮船返回祖国。轮船在大西洋中航行，为了打破长途旅行的沉闷气氛，美国医生杰克逊向旅客们展示了一种叫“电磁铁”的新器件，并讲述电磁铁原理。杰克逊滔滔不绝地介绍电磁学的一些知识，莫尔斯被深深地吸引住了。杰克逊的一句话深深地印在了莫尔斯的脑海里。杰克逊说：“实验证明，不管电线有多长，电流都可以神速地通过。”这句话使莫尔斯产生了遐想：既然电流可以瞬息通过导线，那能不能用电流来进行远距离传递信息呢？莫尔斯为自己的想法兴奋不已，从这以后，他毅然改行投身于电学研究领域。

莫尔斯电报机

莫尔斯回到美国后，在教授画画课程之余，他把大部分精力都投到电报机的设计上。

1835年，他毅然告别了绘画艺术，专心攻读电磁学知识，一门心思地进行电报装置的制作。莫尔斯从在电线中流动的电流在电线突然截止时会迸出火花这一事实得到启发，“异想天开”地想，如果将电流截止片刻发出火花作为一种信号，电流接通而没有火花作为另一种信号，电流接通时间加长又作为一种信号，这三种信号组合起来，就可以代表全部的字母和数字，文字就可以通过电流在电线中传到远处了。

经过几年的琢磨，1837年，莫尔斯设计出了著名且简单的电码，称为莫尔斯电码，它是利用“点”、“划”和“间隔”（实际上就是时间长短不一的电脉冲信号）的不同组合来表示字母、数字、标点和符号。1844年5月24日，在华盛顿国会大厦联邦最高法院会议厅里，一批科学家和政府官员聚精会神地注视着莫尔斯，只见他亲手操纵着电报机，随着一连串的“点”、“划”信号的发出，远在64千米外的巴尔的摩城收到由“嘀”、

“嗒”声组成的世界上第一份电报。

第一封电报的内容是圣经的诗句：“上帝创造了何等的奇迹。”莫尔斯的新奇构思是电报发明的一个重大突破，直到今天，莫尔斯电码仍在普遍使用着。

电话发明人——贝尔

如今，电话走进了千家万户，你知道电话是谁发明的吗？贝尔，就是发明电话的人。他 1847 年生于英国，年轻时跟父亲从事聋哑人的教学工作，曾想制造一种让聋哑人用眼睛看到声音的机器。1873 年，成为美国波士顿大学教授的贝尔，开始研究在同一线路上传送许多电报的装置——多工电报，并萌发了利用电流把人的说话声传向远方的念头，使远隔千山万水的人能如同面对面的交谈。于是，贝尔开始了电话的研究。

那是 1875 年 6 月 2 日，贝尔和他的助手华生分别在两个房间里试验电

贝尔试用电话

报机，一个偶然发生的事故启发了贝尔。华生房间里的电报机上有一个弹簧黏到磁铁上了，华生拉开弹簧时，弹簧发生了振动。与此同时，贝尔惊奇地发现自己房间里电报机上的弹簧颤动起来，还发出了声音，是电流把振动从一个房间传到另一个房间。贝尔的思路顿时大开，他由此想到：如果人对着一块铁片说话，声音将引起铁片振动；若在铁片后面放上一块电磁铁的话，铁片的振动势必在电磁铁线圈中产生时大时小的电流。这个波动电流沿电线传向远处，远处的类似装置上不就会发生同样的振动，发出同样的声音吗？这样声音就沿电线传到远方去了。这不就是梦寐以求的电话吗！

贝尔和华生按新的设想制成了电话机。在一次实验中，一滴硫酸溅到贝尔的腿上，疼得他直叫喊：“华生先生，我需要你，请到我这里来！”这句话由电话机经电线传到华生的耳朵里，电话成功了！1876 年 3 月 7 日，贝尔成为电话发明的专利人。

贝尔一生获得过 18 种专利，与他人合作获得 12 种专利。他设想将电话线埋入地下，或悬架在空中，用它连接到住宅、乡村、工厂……